广东外语外贸大学校级教材建设项目（GWJC1917）

广东省研究生教育创新计划项目：中级计量经济学（2019SFKC24）

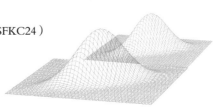

多元统计分析实验

MULTIVARIATE STATISTICAL ANALYSIS EXPERIMENT

徐芳燕 关 岳◎著

经济管理出版社

ECONOMY & MANAGEMENT PUBLISHING HOUSE

图书在版编目（CIP）数据

多元统计分析实验/徐芳燕，关岳著. —北京：经济管理出版社，2021.1
ISBN 978 - 7 - 5096 - 7697 - 4

Ⅰ.①多…　Ⅱ.①徐…　②关…　Ⅲ.①多元分析—统计分析—实验　Ⅳ.①O212.4 - 33

中国版本图书馆 CIP 数据核字（2021）第 018956 号

组稿编辑：郭丽娟
责任编辑：杜　菲
责任印制：黄章平
责任校对：张晓燕

出版发行：经济管理出版社
　　　　　（北京市海淀区北蜂窝 8 号中雅大厦 A 座 11 层　100038）
网　　址：www. E - mp. com. cn
电　　话：（010）51915602
印　　刷：北京玺诚印务有限公司
经　　销：新华书店
开　　本：720mm×1000mm/16
印　　张：16. 25
字　　数：301 千字
版　　次：2021 年 3 月第 1 版　　2021 年 3 月第 1 次印刷
书　　号：ISBN 978 - 7 - 5096 - 7697 - 4
定　　价：69. 00 元

目　录

引　言 ……………………………………………………………… 1

第一章　SPSS 简介 ……………………………………………… 3

　　一、概况 ……………………………………………………… 3

　　二、启动与退出 ……………………………………………… 4

　　三、数据文件 ………………………………………………… 6

　　四、样品排序 ………………………………………………… 8

　　五、计算 ……………………………………………………… 10

　　六、标准功能 ………………………………………………… 11

　　七、小技巧 …………………………………………………… 13

第二章　假设检验与方差分析 …………………………………… 15

　　一、实验目的 ………………………………………………… 15

　　二、实验原理 ………………………………………………… 15

　　三、实验内容 ………………………………………………… 19

　　四、实验过程 ………………………………………………… 21

　　五、结果分析 ………………………………………………… 29

　　六、小知识 …………………………………………………… 38

第三章　信息基础设施发展状况的分类——最短距离法 ……… 39

　　一、实验目的 ………………………………………………… 39

　　二、实验原理——最短距离法 ……………………………… 39

　　三、实验内容——Q 型聚类 ………………………………… 40

　　四、实验过程 ………………………………………………… 41

　　五、结果分析 ………………………………………………… 44

六、名词 ··· 46

第四章 普通高等教育发展状况分析——系统聚类法 ················ 47

一、案例研究背景 ·· 47

二、案例研究过程 ·· 47

三、结果分析 ·· 57

四、小知识 ··· 58

第五章 农民生活的平均消费水平——K - 均值聚类法 ············· 67

一、实验目的 ·· 67

二、实验原理——K - 均值聚类法 ································· 67

三、实验内容 ·· 67

四、实验过程 ·· 69

五、聚类结果分析 ·· 70

六、输出结果分析 ·· 72

七、数据进行标准化后 ··· 74

八、名词 ··· 74

九、指定聚心 ·· 75

第六章 人文发展指数——全模型费歇（Fisher）判别分析法 ······ 76

一、实验目的 ·· 77

二、实验原理——Fisher 判别法 ·································· 77

三、实验内容 ·· 77

四、实验过程 ·· 80

五、结果分析 ·· 82

六、名词 ··· 88

第七章 人文发展指数——全模型贝叶斯（Bayes）判别分析法 ···· 89

一、实验目的 ·· 89

二、实验原理——Bayes 判别法 ·································· 89

三、实验内容 ·· 90

四、实验过程 ·· 90

五、结果分析 ·· 92

第八章　跑车级别评价——多总体 Fisher 判别分析法 ················· 95

一、实验目的 ·· 95

二、实验原理 ·· 95

三、实验内容 ·· 97

四、实验过程 ·· 98

五、结果分析 ·· 100

第九章　标枪成绩影响指标——逐步判别分析法 ·················· 110

一、实验目的 ·· 110

二、实验原理——逐步判别分析法 ···························· 110

三、实验内容 ·· 111

四、实验过程 ·· 113

五、结果分析 ·· 113

六、小知识 ·· 114

第十章　主成分分析 ··· 115

一、实验目的 ·· 115

二、实验原理 ·· 115

三、实验内容 ·· 117

四、实验过程——提取主成分 ······························· 118

五、结果分析 ·· 119

六、结果分析——综合评价 ································· 127

七、小技巧 ·· 129

第十一章　主成分回归分析 ··································· 131

一、实验目的 ·· 131

二、实验原理 ·· 131

三、实验内容 ·· 131

四、实验过程1——提取主成分 ····························· 132

五、结果分析1——主成分 ································· 132

六、实验过程2——回归分析 ······························· 136

七、结果分析2——回归 ··································· 137

八、易错分析 ·· 138

第十二章　上海房价变动——多元线性回归分析 ·········· 139

　　一、实验目的 ··· 139

　　二、实验原理 ··· 139

　　三、实验内容 ··· 140

　　四、实验过程 ··· 141

　　五、结果分析 ··· 144

　　六、名词解释 ··· 149

第十三章　水泥释放热量——多元逐步线性回归分析 ······ 150

　　一、实验目的 ··· 150

　　二、实验原理 ··· 150

　　三、实验内容 ··· 152

　　四、全模型法的实验过程 ······································ 153

　　五、逐步回归分析法实验过程 ·································· 155

第十四章　因子分析 ·· 161

　　一、实验目的 ··· 161

　　二、实验原理 ··· 161

　　三、实验内容 ··· 163

　　四、实验过程 ··· 165

　　五、结果分析 ··· 165

　　六、实验作业 ··· 171

第十五章　典型相关分析 ·· 174

　　一、实验目的 ··· 174

　　二、实验原理 ··· 174

　　三、实验内容 ··· 176

　　四、实验过程 ··· 178

　　五、结果分析 ··· 180

　　六、关于典型相关分析 ·· 190

第十六章　工业经济效益的综合评价 ················ 192

一、问题 ·································· 192

二、实验过程 ······························ 193

三、结果分析 ······························ 200

四、小知识 ······························· 200

第十七章　《多元统计分析》小论文 ··············· 202

一、参考论文题目 ··························· 202

二、备选题目 ······························ 203

三、基本要求 ······························ 204

四、数据来源 ······························ 205

五、论文选题原则 ··························· 205

六、基本建议 ······························ 205

七、可能存在的问题 ························· 206

附　录 ································· 207

一、多元正态分布 ··························· 207

二、平方和分解公式 ························· 210

三、离差平方和法 ··························· 212

四、多元正态分布的参数估计 ·················· 214

五、多元正态分布均值的检验 ·················· 216

六、有序样品聚类 ··························· 218

七、有序样品聚类 Python 代码 ················ 222

八、有序样品聚类 Matlab 程序代码一 ············ 224

九、有序样品聚类 Matlab 程序代码二 ············ 226

十、特征值的极值 ··························· 228

十一、矩阵的微商 ··························· 229

十二、碎石检验（Scree Test） ················· 233

十三、方差膨胀因子（Variance Inflation Factor） ···· 234

十四、复相关系数 ··························· 235

十五、消去变换 ···························· 236

十六、因子旋转角度 ························· 238

十七、直方图 ·· 241

十八、数据的预处理 ·· 243

十九、KMO 统计量和 Barltett 球形度检验 ······················ 245

二十、多元统计分析其他方法概述 ································· 246

参考文献 ·· 249

后记 ·· 252

引 言

在经济学、管理学、工业、农业、医学、教育学和社会学等众多领域中受多个指标（变量）影响的现象很常见。如果把多个指标割裂开来独立地进行研究，仅仅从单个指标来考虑和分析则很难达到全面客观认识现实世界的目的。因此，学习同时对多个指标以及它们之间的关系进行研究的多元统计分析方法是非常必要的。多元统计分析起源于 20 世纪初，是数理统计学的一个分支，是研究多个随机变量之间相互依存关系以及内在统计规律的一门学科。它的产生与发展始终是与社会实际紧密联系，进而指导实践。Kendall 将多元分析的研究内容和方法概括为：①结构简化；②分类；③变量分组；④互依性分析；⑤依赖性分析；⑥假设的建立和假设检验。多元统计分析研究框架如图 1 所示。

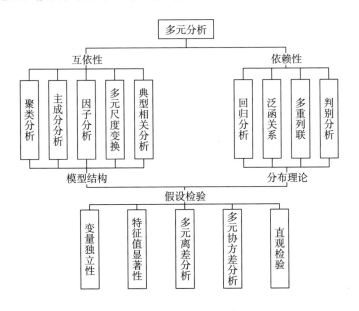

图 1　多元统计分析研究框架

Richard A. Johnson 和 Dean W. Wichern 将多元统计分析的研究对象归纳为：
（1）数据简化或结构简化。在不损失有价值的信息的情况下尽可能简单地刻画出所研究的现象，希望通过这种方式对问题的解释能够变得更加简洁。

（2）排序和分类。根据数据的特征将相似的研究对象或者变量进行分类，并同时定义判别归类的具体规则。

（3）发现变量之间的依赖关系。变量之间的本质关系是很有意思的，各个变量之间是相互独立的呢？还是一个或多个变量依赖于另外的变量变化呢？如果是这样的话，如何去发现这些变量之间的关系？

（4）预测。为了依据某些变量的观察值来预测另外一个或多个变量的取值，需要事先确定变量之间的依赖关系。

（5）假设的构建和检验。以多总体参数形式构建统计假设和检验，以验证事先假设或观点。

掌握并灵活运用各种多元统计分析方法，理解包含在每一种方法中的统计思想，学会使用 SPSS 统计软件实现对多指标问题的统计分析，得出合理的输出结果，并能进一步理解和分析输出结果所代表的具体含义。

注意将理论和实践相结合，勤思考，多练习，避免一知半解，但也不要过于担心出错，勇敢一些，多元统计分析没有想象中难，只要投入时间和精力，一定学有所获。

多元统计分析课程的学习需要先修完线性代数、微积分、概率论与数理统计三门课程。

理论与应用相结合，以应用来激发学习的动力与激情，在这个过程中一定要多思考和查阅统计学原理和统计思想。

第一章　SPSS 简介

一、概况

SPSS（Statistical Product and Service Solutions）软件的中文全称为"统计产品与服务解决方案"。最初 SPSS 软件全称为"社会科学统计软件包"（Solutions Statistical Package for the Social Sciences），但是随着 SPSS 产品服务领域的扩大和服务深度的增加，SPSS 公司已于 2000 年正式将英文全称由"Solutions Statistical Package for the Social Sciences"更改为"Statistical Product and Service Solutions"，即由"社会科学统计软件包"改为"统计产品与服务解决方案"。

SPSS 是世界上最早的统计分析软件，由美国斯坦福大学的三位研究生 Norman H. Nie、C. Hadlai（Tex）Hull 和 Dale H. Bent 于 1968 年研究开发成功，同时成立了 SPSS 公司，并于 1975 年成立法人组织，在芝加哥组建了 SPSS 总部。1984 年 SPSS 总部推出了世界上第一个统计分析软件——微机版本 SPSS/PC +，开创了 SPSS 微机系列产品的开发方向，极大地扩充了它的应用范围，并使其能很快地应用于自然科学、技术科学、社会科学的各个领域。2009 年 7 月 28 日，IBM 公司宣布用 12 亿美元现金收购统计分析软件提供商 SPSS 公司。如今 SPSS 的最新版本为 25，而且更名为 IBM SPSS Statistics。迄今，SPSS 公司已有 45 年的成长历史。

SPSS 是当今世界上最优秀的统计软件之一，囊括成熟先进、操作简便的统计方法，也是世界上最早采用图形菜单驱动界面的统计软件，它最突出的特点是操作界面极为友好，输出结果美观漂亮。它将绝大部分的统计功能以统一、规范的界面展现出来，使用 Windows 的窗口方式展示各种管理和分析数据的方法功能，在对话框中展示出各种功能选择项。用户只要掌握一定的 Windows 操作技能，精通统计分析原理，就可以使用该软件为特定的科研工作服务。SPSS 每年都会进行一次版本的更新，每年的 8 月中旬总能见到最新版本。SPSS 软件统计分析功能强大，可以实现基础统计分析、多元统计分析和专业统计分析的绝大部分功能，是进行统计研究和数据分析的必备工具。

二、启动与退出

（1）在开始菜单中找到 SPSS，点击打开，出现图 1.1。

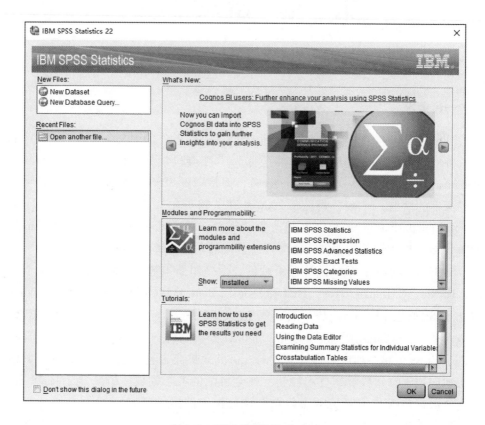

图 1.1　IBM SPSS Statistics

（2）选择"Cancel"，出现主界面图 1.2a（全貌）和图 1.2b（局部），图 1.2b 将 SPSS 主界面中的细节信息显示得比较清晰。

（3）点击主界面右上角的关闭按钮，可退出 SPSS。

（4）在图 1.1 中也可点击复选项"Don't show this dialog in the future"。如果选择此复选项，则今后再打开 SPSS 将不会出现图 1.1 的对话框，而是直接进入 SPSS 主界面图 1.2a；如果没有选择此复选项，每一次打开 SPSS 时都会出现此对话框。

（5）打开 SPSS 界面后可以看到 Windows 软件界面，从上往下依次为"菜单栏"、"工具栏"、"数据栏"，数据栏下面是数据编辑的主界面，由行和列组成，行对应每一条记录（Case），列对应每一个变量（Var）。在输入数据之前行和列都显示为灰色，当前的单元格是用黄色突出的。在图 1.2b 的"Data View"状态下可以录入数据；也可以依次点击"File"—"Open"—"Data"打开一个 SPSS 格式的数据，SPSS 格式的数据的扩展名是 sav 格式，亦可以通过这个方式直接打开 Excel 数据。

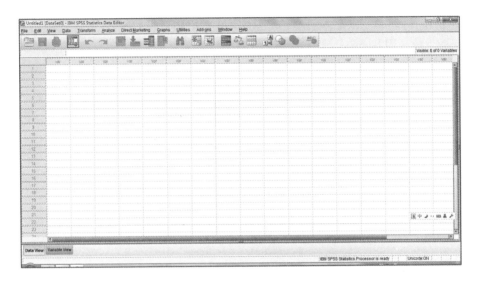

图 1.2a　数据编辑（Data Editor）主界面全貌

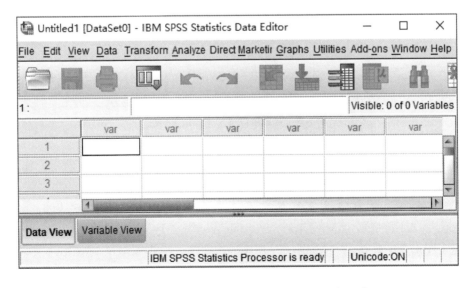

图 1.2b　数据编辑（Data Editor）主界面局部细节

三、数据文件

选择图 1.3 左下角的"Variable View",定义变量名(Name)、变量类型(Type)、变量长度(Width)、小数位数(Decimals)、变量名标签(Label)、变量值标签(Values)、缺失值(Missing)、显示宽度(Columns)、对齐方式(Align)、变量的测度类型(Measure)等。变量的测度(Measure)类型分为 Scale、Ordinal 和 Nominal 三种。Scale 是指定距变量和定比变量,SPSS 不区分定距和定比变量,统一用 Scale 表示,如温度、年薪、身高、视力等,它是具有相应的加减运算等功能的变量;Ordinal 是用于表示顺序尺度的变量,也就是定序尺度的变量,如满意度、学历等,具有分类和排序功能;Nominal 是指名义变量,也就是定类变量,如性别、职业等,只能区分类别,不能比较大小。

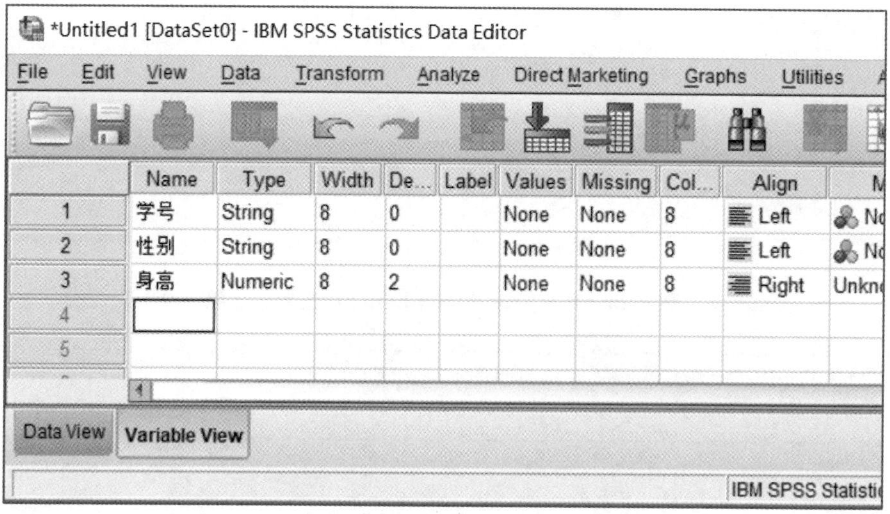

	Name	Type	Width	De...	Label	Values	Missing	Col...	Align	M
1	学号	String	8	0		None	None	8	Left	No
2	性别	String	8	0		None	None	8	Left	No
3	身高	Numeric	8	2		None	None	8	Right	Unkno
4										
5										

*Untitled1 [DataSet0] - IBM SPSS Statistics Data Editor
File Edit View Data Transform Analyze Direct Marketing Graphs Utilities A
Data View | Variable View
IBM SPSS Statisti

图 1.3　变量窗口(Variable View)

点击左下角的"Data View"给上面定义的变量赋值,如图 1.4 所示。注意:如果要在变量"性别"中输入汉字,需要事先在"Varible View"窗口将变量"性别"的"Type"由默认的"Numeric"改为"String",也即由默认的"数值型"改为"字符型",具体操作是"Variable View""Type"(性别)—"String",即点击图 1.5 中默认的"Numeric"后面的按钮█,出现图 1.6,在图 1.6 中将默认的"Numeric"改为"String"。

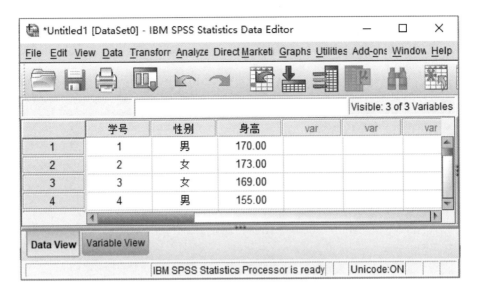

图 1.4　数据窗口（Data View）

图 1.5　在"Varible View"点击"Numeric"后面的按钮

　　点击"Save as"保存，将数据文件命名为"Grade1501"，数据文件的扩展名为"sav"，如图 1.7 所示。

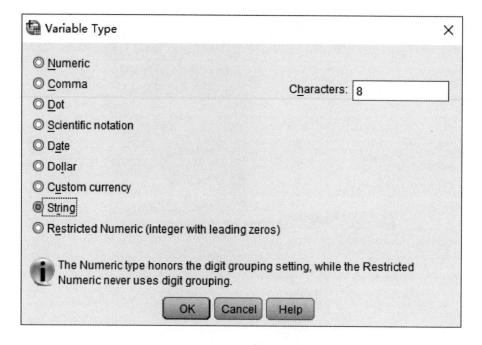

图 1. 6　"Numeric"改为"String"

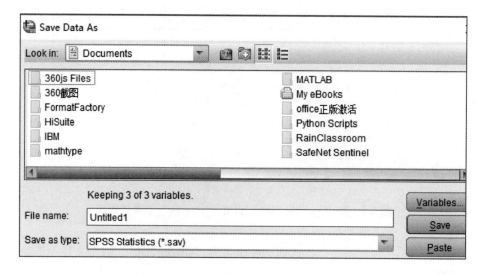

图 1. 7　保存数据格式扩展名是"sav"

四、样品排序

（1）双击打开数据文件"Grade1501. sav"，在菜单栏依次选择"Data"、

"Sort Case"，打开对话框。

（2）点击变量"身高"，将其添加进"Sort by"，选择"Ascending"，即升序排列，如图 1.8 所示。

图 1.8　按变量"身高"进行升序排列

（3）点击"OK"，输出结果如图 1.9 所示。

	学号	性别	身高	
1	4	男	155.00	
2	3	女	169.00	
3	1	男	170.00	
4	2	女	173.00	
5				

图 1.9　排序后的结果

五、计算

a、b、c 三家公司 1~6 月的销售数据如图 1.11 前 4 列数据所示，计算每个月三个公司的总销售额。

（1）依次在菜单栏中选择"Transform"、"Compute Variable"命令，打开对话框。

（2）在"Target Variable"框输入新变量名"XSSUM"（见图 1.10）。

（3）在"Numeric Expression"框输入计算公式"a 公司 + b 公司 + c 公司"，如图 1.10 所示。

（4）点击"OK"生成新变量"XSSUM"，如图 1.11 中最后 1 列所示。

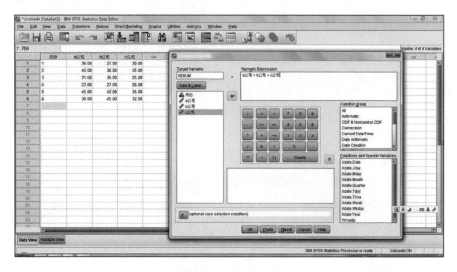

图 1.10   计算功能

	月份	a公司	b公司	c公司	XSSUM	var
1	1	36.00	27.00	30.00	93.00	
2	2	45.00	30.00	35.00	110.00	
3	3	31.00	35.00	25.00	91.00	
4	4	23.00	27.00	28.00	78.00	
5	5	45.00	40.00	35.00	120.00	
6	6	30.00	45.00	32.00	107.00	
7						
8						
9						

图 1.11   计算结果保存为新变量 XSSUM

六、标准功能

SPSS 的各个模块的基本功能如图 1.12 所示①：

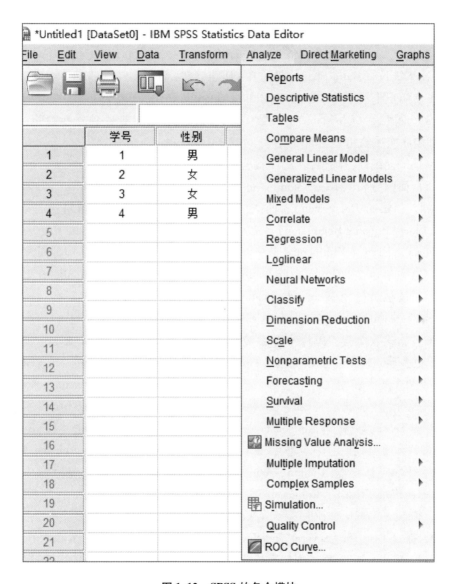

图 1.12　SPSS 的各个模块

---

①　SPSS 25 的新功能见 SPSS 主页 "What's New in SPSS Statistics 25 & Subscription"，https：//developer. ibm. com/predictiveanalytics/2017/07/18/spss－25－subscription－summary/。

（1）数据访问、数据准备、数据管理与输出管理。

（2）描述统计（Descriptive Statistics）和探索分析（Explore）：频数、描述、集中趋势和离散趋势分析、分布分析与查看、正态性检验与正态转换、均值的置信区间估计；在描述分析或者探索分析方面包括频率分析（Frequencies）、描述性分析（Descriptives）、探索分析（Explore）、列联表（交叉表）分析（Crosstabs）、TURF 分析（Total Unduplicated Reach and Frequency，累计不重复到达率和频次分析）、比率统计（Ratio Statistics）、P－P 图（P－P Plots, Proportion－Proportion Plot）、Q－Q 图（Q－Q Plots, Quantile－Quantile Plot）等功能。

（3）交叉表（Crosstabs）：计数；行、列和总计百分比；独立性检验；定类变量和定序变量的相关性测度。

（4）二元统计：均值比较、t 检验、单因素方差分析。

（5）回归分析（Regression）：自动线性建模（Automatic Linear Modeling）、线性回归（Linear Regression）、曲线估计（Curve Estimation）、偏最小二乘回归（Partial Least Squares Regression）、二元 Logistic 回归（Binary Logistic Regression）、多元 Logistic 回归（Multinomial Logistic Regression）、有序回归（Ordinal Regression）、概率单位法（Probit, Probability Unit）、非线性回归（Nonlinear Regression）、权重估计法（Weight Estimation）、两步最小二乘回归（2－Stage Least Squares Regression）及分类回归（Categorical Regression）。

（6）非参数检验：单样本非参数检验（One－Sample Nonparametric Tests）、两个或更多独立样本非参数检验（Two or More Independent Samples Nonparametric Tests）、两个或更多相关样本非参数检验（Two or More Related Samples Nonparametric Tests）、卡方检验（Chi－Square Test）、二项检验（Binomial Test）、游程检验（Runs Test）、单样本 Kolmogorov－Smirnov 检验（One－Sample Kolmogorov－Smirnov Test）、两独立样本非参数检验（Two－Independent－Samples Test）：Mann－Whitney U 检验（Mann－Whitney U Test）、Moses 极端反应检验（Moses extreme reactions Test）、Kolmogorov－Smirnov Z 检验（Kolmogorov－Smirnov Z Test）、Wald－Wolfowitz 游程检验（Wald－Wolfowitz runs Test）；多个独立样本非参数检验（Tests for Several Independent Samples）：Kruskal－Wallis H 检验（Kruskal－Wallis H Test）、中位数检验（Median Test）和 Jonckheere－Terpstra 检验（Jonckheere－Terpstra Test）；两相关样本非参数检验（Two－Related－Samples Tests）：Wilcoxon 符号秩检验（Wilcoxon Signed Ranks Test）、符号检验（Signed Test）、McNemar 检验（McNemar Test）和边际同质性检验（Marginal Homogeneity Test）；多个相关样本非参数检验（Test for Several Related Samples）：Friedman 检

验（Friedman Test）、Kendall W 检验（Kendall's W Test）和 Cochran Q 检验（Cochran's Q Test）

（7）多重响应分析：交叉表、频数表。

（8）预测数值结果和区分群体：K - means 聚类分析、分级聚类分析、两步聚类分析、快速聚类分析、因子分析、主成分分析。

（9）判别分析（Discriminant）。

（10）尺度分析：可靠性分析（Reliability Analysis）、多维尺度分析（Multidimensional Scaling Analysis，ALSCAL）和多维邻近尺度分析（Multidimensional Scaling Analysis，PROXSCAL）及多维展开分析（Multidimensional Unfolding Analysis，PREFSCAL）。

（11）一般线性模型（General Linear Model）：单变量方差分析（Univariate Analysis of Variance）、多元方差分析（Multivariate Analysis of Variance）、重复测量方差分析（Repeated Measures Analysis of Variance）和方差分量分析（Variance Components Analysis）。

（12）广义线性模型（Generalized Linear Models）和广义估计方程（Generalized Estimating Equations）。

（13）混合模型（Mixed Models）：线性混合模型（Linear Mixed Models）和广义线性混合模型（Generalized linear mixed models）

（14）对数线性模型（Loglinear）：一般对数线性分析（General Loglinear Analysis）、Logit 对数线性分析（Logit Loglinear Analysis）和模型选择对数线性分析（Model Selection Loglinear Analysis）

（15）生存分析：寿命表（Life Tables）、Kaplan - Meier 法（Kaplan - Meier）、Cox 回归（Cox Regression）和含时间依赖协变量的 Cox 回归（Time - Dependent Cox Regression）。

（16）报告：各种报告、记录摘要、图表功能（分类图表、条型图、线型图、面积图、高低图、箱线图、散点图、质量控制图、诊断和探测图等）。

（17）数据管理、数据转换与文件管理。

七、小技巧

通过顶部菜单 "Edit"、"Options"、"Language" 窗口可以设置主窗口和输出窗口的语言，本书统一使用 "English"，如图 1.13 和图 1.14 所示。

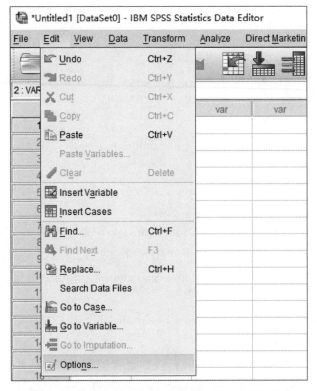

图 1.13 菜单"编辑"—"选项"进行语言选择

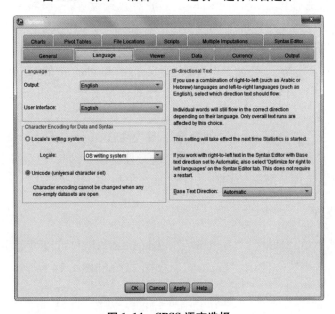

图 1.14 SPSS 语言选择

第二章　假设检验与方差分析

一、实验目的

（1）理解并掌握假设检验与方差分析的基本原理以及在 SPSS 中的相关操作步骤。

（2）学会分析假设检验和方差分析的实验结果，得出合理的结论和解释，进而将该方法推广应用到相应的研究领域。

二、实验原理

1. 均值的检验

（1）单个正态总体：$\sum$ 未知时均值向量的假设检验（实验 1）。

原假设设定如下：

H_0：$\mu = \mu_0 \leftrightarrow H_1$：$\mu \neq \mu_0$

检验统计量：

$$\frac{(n-1)-p+1}{(n-1)p}T^2 \sim F(p, n-p) （在 H_0 成立时）$$

其中，

$$T^2 = (n-1)\left[\sqrt{n}(\overline{X}-\mu_0)'S^{-1}\sqrt{n}(\overline{X}-\mu_0)\right]$$

给定检验水平 α，查 F 分布表，使 $P\left\{\dfrac{n-p}{(n-1)p}T^2 > F_\alpha\right\} = \alpha$，可确定临界值 F_a，再用样本值计算出 T^2，若 $\dfrac{n-p}{(n-1)p}T^2 > F_a$，则否定 H_0，否则 H_0 相容。

（2）有共同协差阵：$\sum > 0$ 时的两均值的假设检验（实验 2 和实验 3）。

原假设设定如下：

H_0：$\mu_1 = \mu_2 \leftrightarrow H_1$：$\mu_1 \neq \mu_2$

检验统计量：

$$F = \frac{(n+m-2)-p+1}{(n+m-2)p}T^2 \sim F(p, n+m-p-1) （在 H_0 成立时）$$

其中，

$$T^2 = (n + m - 2)\left[\sqrt{\frac{n \cdot m}{n + m}}(\overline{X} - \overline{Y})\right]' S^{-1}\left[\sqrt{\frac{n \cdot m}{n + m}}(\overline{X} - \overline{Y})\right]$$

2. 单个协差阵的假设检验[①]

设 $X_{(a)} = (X_{a1}, X_{a2}, \cdots, X_{ap})'$ $(a = 1, 2, \cdots, n)$ 是来自 p 元正态总体 N_p (μ, Σ) 的样本，Σ 未知，且 $\Sigma > 0$。

原假设设定如下：

$$H_0 : \Sigma = I_p \leftrightarrow H_1 : \Sigma \neq I_p$$

检验统计量：

$$\lambda = \exp\left\{-\frac{1}{2}TrS\right\}|S|^{\frac{n}{2}}\left(\frac{e}{n}\right)^{\frac{np}{2}} \tag{2.1}$$

其中，

$$S = \sum_{a=1}^{n}(X_{(a)} - \overline{X})(X_{(a)} - \overline{X})'$$

3. 方差分析

（1）单因素方差分析（实验4）。

设 k 个正态总体为 $N(\mu_1, \sigma^2)$，$\cdots$，$N(\mu_k, \sigma^2)$，从 k 个总体取 n_i 个独立样本如下：

$$X_1^{(1)}, X_2^{(1)}, \cdots, X_{n_1}^{(1)}$$
$$\vdots$$
$$X_1^{(k)}, X_2^{(k)}, \cdots, X_{n_k}^{(k)}$$

假设检验：

$$H_0 : \mu_1 = \mu_2 = \cdots = \mu_k \leftrightarrow H_1 : \text{至少存在 } i \neq j \text{ 使 } \mu_i \neq \mu_j$$

检验统计量：

$$F = \frac{SSA/k - 1}{SSE/n - k} \sim F(k - 1, n - k)（\text{在 } H_0 \text{ 成立时}） \tag{2.2}$$

其中，

$$SSA = \sum_{i=1}^{k} n_i(\overline{X}_i - \overline{X})^2 \cdots \text{组间平方和}$$

$$SSE = \sum_{i=1}^{k} \sum_{j=1}^{n_i} (X_j^{(i)} - \overline{X}_i)^2 \cdots \text{组内平方和}$$

---

① 虽然后文的实验没有涉及该检验，但是该检验比较重要，在某种程度上可检验 p 个指标是否相互独立。

$$SST = \sum_{i=1}^{k} \sum_{j=1}^{n_i} (X_j^{(i)} - \overline{X})^2 \cdots 总平方和$$

$$\overline{X}_i = \frac{1}{n_i} \sum_{j=1}^{n_i} X_j^{(i)}$$

$$X = \frac{1}{n} \sum_{i=1}^{k} \sum_{j=1}^{n_i} X_j^{(i)}, n = n_1 + \cdots + n_k$$

给定检验水平 α，查 F 分布表使 $P\{F > F_\alpha\} = \alpha$，可确定临界值 F_α，再用样本计算出 F 值，$F > F_\alpha$，否则 H_0 相容。

（2）多因素方差分析（实验 5）。

设有 k 个 p 元正态总体 $N_p(\mu_1, \Sigma)$，$\cdots$，$N_p(\mu_k, \Sigma)$，从每个总体抽取独立样品个数分别为：n_1，n_2，$\cdots$，n_k，$n_1 + n_2 + \cdots + n_k \triangleq n$。每个样品观测 p 个指标的数据如下：

第一个总体：

$$
\begin{bmatrix}
X_{11}^{(1)} & X_{12}^{(1)} & \cdots & X_{1p}^{(1)} \\
X_{21}^{(1)} & X_{22}^{(1)} & \cdots & X_{2p}^{(1)} \\
\vdots & \vdots & & \vdots \\
X_{n_11}^{(1)} & X_{n_12}^{(1)} & \cdots & X_{n_1p}^{(1)}
\end{bmatrix}
\triangleq
\begin{bmatrix}
X_1^{(1)} \\
X_2^{(1)} \\
\vdots \\
X_{n_1}^{(1)}
\end{bmatrix}
$$

此处，$X_i^{(1)} = (X_{i1}^{(1)}, X_{i2}^{(1)}, \cdots, X_{ip}^{(1)})$，$i = 1, 2, \cdots, n_1$。

第二个总体：

$$
\begin{bmatrix}
X_{11}^{(2)} & X_{12}^{(2)} & \cdots & X_{1p}^{(2)} \\
X_{21}^{(2)} & X_{22}^{(2)} & \cdots & X_{2p}^{(2)} \\
\vdots & \vdots & & \vdots \\
X_{n_21}^{(2)} & X_{n_22}^{(2)} & \cdots & X_{n_2p}^{(2)}
\end{bmatrix}
\triangleq
\begin{bmatrix}
X_1^{(2)} \\
X_2^{(2)} \\
\vdots \\
X_{n_2}^{(2)}
\end{bmatrix}
$$

此处，$X_i^{(2)} = (X_{i1}^{(2)}, X_{i2}^{(2)}, \cdots, X_{ip}^{(2)})$，$i = 1, 2, \cdots, n_2$。

$\vdots$

第 k 个总体：

$$
\begin{bmatrix}
X_{11}^{(k)} & X_{12}^{(k)} & \cdots & X_{1p}^{(k)} \\
X_{21}^{(k)} & X_{22}^{(k)} & \cdots & X_{2p}^{(k)} \\
\vdots & \vdots & & \vdots \\
X_{n_k1}^{(k)} & X_{n_k2}^{(k)} & \cdots & X_{n_kp}^{(k)}
\end{bmatrix}
\triangleq
\begin{bmatrix}
X_1^{(k)} \\
X_2^{(k)} \\
\vdots \\
X_{n_k}^{(k)}
\end{bmatrix}
$$

此处，$X_i^{(k)} = (X_{i1}^{(k)}, X_{i2}^{(k)}, \cdots, X_{ip}^{(k)})$，$i = 1, 2, \cdots, n_k$。

全部样品的总均值向量：

$$\bar{X}_{1 \times p} = \frac{1}{n} \sum_{a=1}^{k} \sum_{i=1}^{n_a} X_i^{(a)} \triangleq (\bar{X}_1, \bar{X}_2, \cdots, \bar{X}_p)$$

每个总体样品的均值向量：

$$\bar{X}_{1 \times p}^{(a)} = \frac{1}{n_a} \sum_{i=1}^{n_a} X_i^{(a)} \triangleq (\bar{X}_1^{(a)}, \bar{X}_2^{(a)}, \cdots, \bar{X}_p^{(a)}), a = 1, \cdots, k$$

此处，$\bar{X}_j^{(a)} = \frac{1}{n_a} \sum_{i=1}^{n_a} X_{ij}^{(a)}, j = 1, \cdots, p$。

将诸平方和变成了离差阵有：

$$A = \sum_{a=1}^{k} n_a (\bar{X}^{(a)} - \bar{X})'(\bar{X}^{(a)} - \bar{X}) \cdots 组间离差阵$$

$$E = \sum_{a=1}^{k} \sum_{i=1}^{n_a} (X_i^{(a)} - \bar{X}^{(a)})'(X_i^{(a)} - \bar{X}^{(a)}) \cdots 组内离差阵$$

$$T = \sum_{a=1}^{k} \sum_{i=1}^{n_a} (X_i^{(a)} - \bar{X})'(X_i^{(a)} - \bar{X}) \cdots 总离差阵$$

这里，

$$T = A + E$$

假设检验：

$H_0: \mu_1 = \mu_2 = \cdots = \mu_k \leftrightarrow H_1:$ 至少存在 $i \neq j$，使 $\mu_i \neq \mu_j$

用似然比原则构成的检验统计量为：

$$\Lambda = \frac{|E|}{|T|} = \frac{|E|}{|A+E|} \sim \Lambda (p, n-k, k-1) \tag{2.3}$$

给定检验水平 α，查 Wilks 分布表确定临界值，然后作出统计判断。

4. 多个协方差阵相等检验（实验 2 之方差齐次检验）

设 k 个正态总体分布为 $N_p(\mu_1, \sum_1), \cdots, N_p(\mu_k, \sum_k), \sum_i > 0$ 且未知，$i = 1, \cdots, k$，从 k 个总体分别取 n_i 个样本：

$$X_{(a)}^{(i)} = (X_{a1}^{(i)}, \cdots, X_{ap}^{(i)})', i = 1, \cdots, k, \alpha = 1, \cdots, n_i, \sum_{i=1}^{k} n_i \triangleq n$$

假设检验：

$H_0: \sum_1 = \sum_2 = \cdots = \sum_k \leftrightarrow H_1: \{\sum_i\}$ 不全相等

令

$$S = \sum_{i=1}^{k} S_i$$

$$S_i = \sum_{i=1}^{n_i} \left(X_{(a)}^{(i)} - \overline{X}_{(i)} \right) \left(X_{(a)}^{(i)} - \overline{X}_{(i)} \right)'$$

$$\overline{X}_{(i)} = \frac{1}{n_i} \sum_{i=1}^{n_i} X_{(a)}^{(i)}$$

检验统计量：

$$\lambda_k = n^{\frac{np}{2}} \prod_{i=1}^{k} |S_i|^{\frac{n_i}{2}} \Big/ |S|^{\frac{n}{2}} \prod_{i=1}^{k} n_i^{\frac{pn_i}{2}} \tag{2.4}$$

三、实验内容

（1）单个样本的 t 检验（实验1）。

规定苗木平均高度在 1.60m 以上可以出圃，今在苗圃中随机抽取 10 株苗木，测定的苗木高度如下：

1.75 1.58 1.71 1.64 1.55 1.72 1.62 1.83 1.63 1.65

假设苗高服从正态分布，试问苗木平均高度是否达到出圃要求？（$\alpha = 0.05$）

（2）独立样本的 t 检验（实验2）。

某克山病区测得 11 例克山病患者与 13 名健康人的血磷值（mmol/L）如下，问该地急性克山病患者与健康人的血磷值是否相同（见表 2.1）？

表 2.1　急性克山病患者与健康人的血磷值

11 名患者	0.81	1.05	1.2	1.2	1.39	1.53	1.67	1.8	1.87	2.07	2.11	
13 名健康人	0.54	0.64	0.64	0.75	0.76	0.81	1.16	1.2	1.34	1.35	1.48	1.56	1.87

（3）配对样本的 t 检验（实验3）。

比较两种方法对乳酸饮料中脂肪含量测定结果是否相同，随机抽取了 10 份乳酸饮料制品，分别用脂肪酸水解法和哥特里 – 罗紫法测定结果如表 2.2 中的第 2 和第 3 栏所示，问两种方法测定结果是否相同？

表 2.2　两种方法对乳酸饮料中脂肪含量测定结果

编号	哥特里 – 罗紫法	脂肪酸水解法
1	0.840	0.580
2	0.591	0.509
3	0.674	0.500
4	0.632	0.316

编号	哥特里－罗紫法	脂肪酸水解法
5	0.687	0.337
6	0.978	0.517
7	0.750	0.454
8	0.730	0.512
9	1.200	0.997
10	0.870	0.506

（4）单因素方差分析（实验4）。

化肥生产商需要检验3种新产品的效果，在同一地区选取3块同样大小的农田进行试验。甲农田中使用甲化肥，乙农田中使用乙化肥，丙农田中使用丙化肥，得到6次试验的结果如表2.3所示，试在0.05的显著性水平下分析甲、乙、丙化肥的肥效是否存在差异。

表2.3　3种化肥的使用效果

甲	50	46	49	52	48	48
乙	38	40	47	36	46	41
丙	51	50	49	46	50	50

（5）多因素方差分析（实验5）。

为了研究超市中某商品的销量与摆放位置、超市规模两因素的关系，现按照超市规模选择大、中、小3家超市，在每家超市中随机选A货架1（货架阳面第一位）、B端架、C堆头、D货架2（货架阳面第二位）各两个位置记录同一周期商品的销售量数据如表2.4所示，对其做单变量多因素方差分析。

表2.4　超市商品销量与摆放位置和超市规模的关系

超市规模	摆放位置							
	A		B		C		D	
大型	70	78	75	82	82	89	71	75
中型	57	65	69	78	73	80	60	57
小型	45	50	56	63	65	71	48	53

四、实验过程

以上5个实验在 SPSS 中的具体操作如图 2.1 所示，第一步都是相同的，即选择"Analyze"—"Compare Means"。

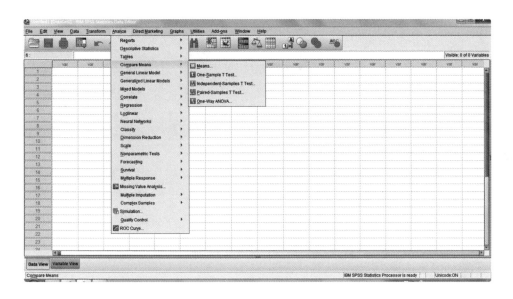

图 2.1 SPSS 假设检验

1. 单个总体 t 检验（实验1）

（1）按照前文列出的数据信息建立数据文件，或者直接打开电子版数据文件"chp2-1.sav"，该数据文件比较简单，只有1列，"high"表示苗木的高度。

（2）在菜单栏中依次选择"Analyze"、"Compare Means"、"One Sample T Test"。

（3）在打开的"One Sample T Test"对话框中将"high"指定为"Test vriable（s）"。

（4）在"Test Value"中输入"1.6"。

（5）点击"OK"，输出结果。

上述操作过程可参考图 2.2 至图 2.6。

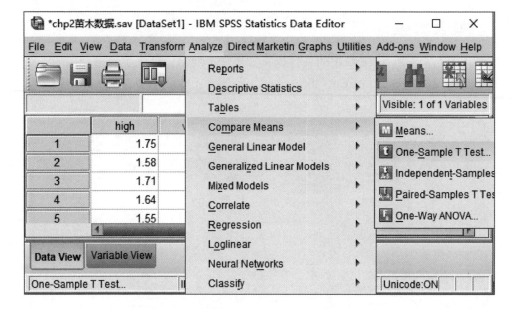

图 2.2 单个样本的 t 检验

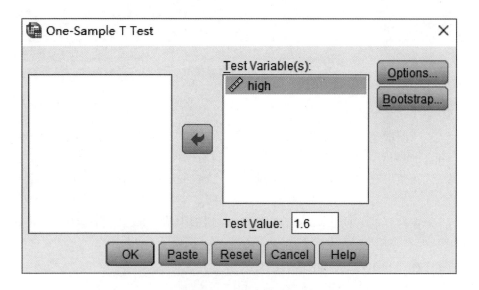

图 2.3 选入变量 "high"

输出变量 "high" 的直方图的操作方式是依次在菜单栏选择 "Analyze" ——"Descriptive Statistics" —— "Frequencies"，如图 2.4 至图 2.6 所示。

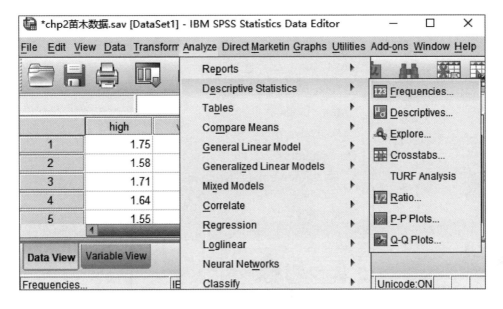

图 2.4 频数分析

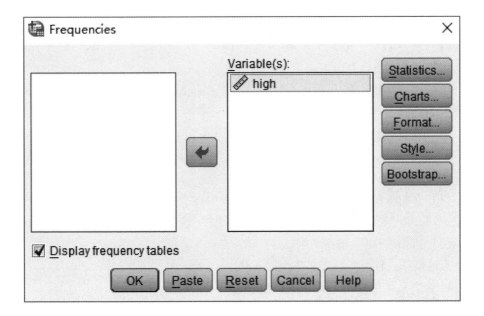

图 2.5 频数分析中选入变量"high"

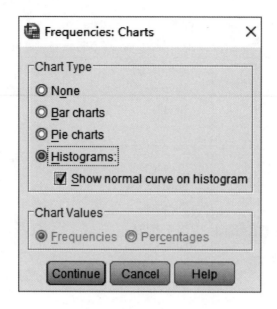

图 2.6　画直方图、正态曲线图

2. 两个总体的独立 t 检验（实验 2）

（1）建立数据，共两列：第一列"data"表示血磷含量；第二列"group"有 1 和 2 两个取值，分别表示患者和健康人。

（2）在菜单栏中依次选择"Analyze"、"Compare Means"、"Independent Samples T Test"。

（3）在打开的"Independent Samples T Test"对话框中将"people"指定为"Test Variable（s）"，将"g"指定为"Grouping Variable"，点击"Define Groups"。

（4）在打开的"Define Groups"对话框中在"Use Specified Values"下分别输入"1"和"2"，其中，"1"表示患者、"2"表示健康人，点击"Continue"。

（5）点击"OK"输出结果。

上述操作过程可参考图 2.7 至图 2.9。

3. 两个总体的配对 t 检验（实验 3）

（1）建立数据，共三列：第一列"sample"表示制品编号；第二列"method 1"表示用哥特里—罗紫法后脂肪的含量；第三列"method 2"表示用脂肪酸水解法后脂肪的含量。

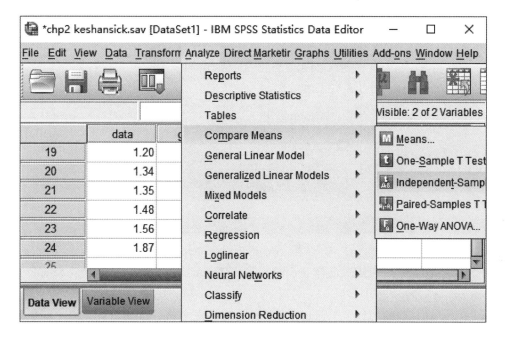

图 2.7　独立样本 t 检验

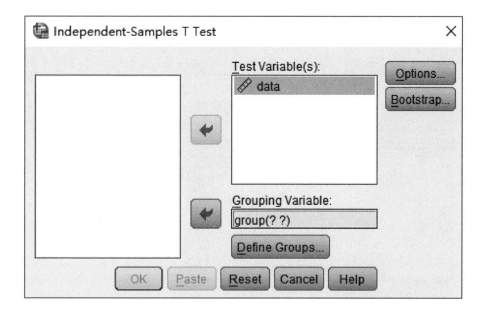

图 2.8　选入变量 "data"

图 2.9 按照"Group"分组

（2）在菜单栏中依次选择"Analyze"、"Compare Means"、"Paired Sample T Test"。

（3）在打开的"Paired Sample T Test"对话框中将"method 1"和"method 2"指定为"Paired Variables"。

（4）点击"OK"输出结果。

上述操作过程可参考图 2.10 和图 2.11。

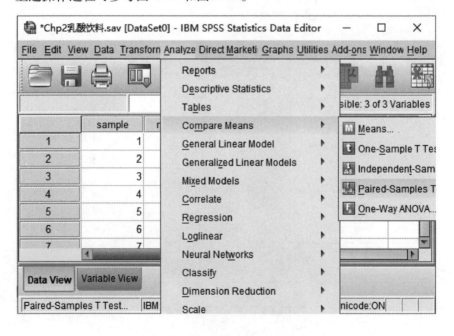

图 2.10 两个总体的配对 t 检验

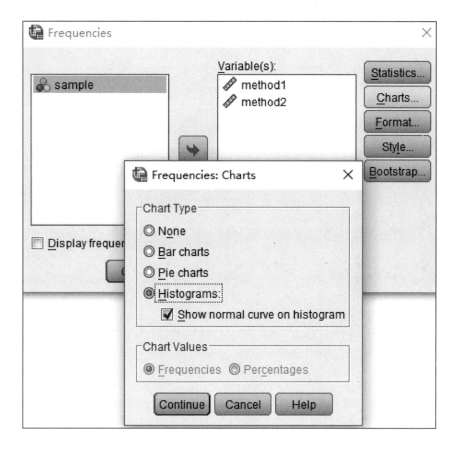

图 2.11 做直方图

4. 单因素方差分析（实验4）

（1）建立数据如图 2.12 所示，共两列：第一列为"quantity"，表示产量；第二列为"g"，表示来自哪个组，有1、2、3个组。

（2）在菜单栏中依次选择"Analyze"、"Compare Means"、"One - way ANOVA"。

（3）在新打开的窗口"One - Way ANOVA"中将"quantity"添加进"Dependent list"，将"g"添加进"Factor"。

（4）点击"Post Hoc"，在新打开的窗口中选择"LSD"，点击"Continue"返回。

（5）点击"Options"，在新打开的窗口中全选，点击"Continue"返回。

（6）点击"OK"输出结果。

quantity	g
50	1
46	1
49	1
52	1
48	1
48	1
38	2
40	2
47	2
36	2
46	2
41	2
51	3
50	3
49	3
46	3
50	3
50	3

图 2.12　在 SPSS 中建立数据

5. 多因素方差分析（实验 5）

（1）建立数据，共三列：第一列"sales"表示销量；第二列"position"表示地点，有 1、2、3、4 个地点；第三列"scale"表示规模，有 1、2、3 个规模。

（2）在菜单栏中依次选择"Analyze"、"General Linear Model"、"Univariate"。

（3）在新打开的窗口"Univariate"中将"sales"选入"Dependent variable"，将"position"和"scale"选入"Fixed Factor"。

（4）点击"Model"，在新窗口保持默认选项，点击"Continue"返回。

（5）点击"Post Hoc"，在新窗口中将"position"和"scale"添加入"Post Hoc Test for"，勾选"LSD"，点击"Continue"返回。

（6）点击"Options"，在新窗口中将"Factor（s）and Factor Interactions"中

的"position"、"scale"选入到"Display Means for"中，并且勾选"Descriptive"、"Homogeneity – of – variance"，点击"Continue"返回。

（7）点击"OK"输出结果。

五、结果分析

1. 实验1——苗木高度的 t 检验的结果分析（见图 2.13、表 2.5 和表 2.6）

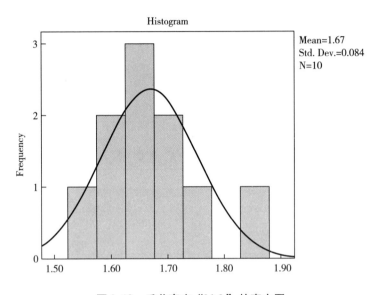

图 2.13　禾苗高度"high"的直方图

表 2.5　禾苗高度"high"的基本描述统计

	N	Mean	Std. Deviation	Std. Error Mean
high	10	1.6680	0.08430	0.02666

表 2.6　苗木高度"high"的 t 检验

	Test Value = 1.60					
	t	df	Sig. (2 – tailed)	Mean Difference	95% Confidence Interval of the Difference	
					Lower	Upper
high	2.551	9	0.031	0.06800	0.0077	0.1283

（1）图 2.13 显示苗木高度服从正态分布。表 2.5 显示苗木高度的均值为 1.668、标准差为 0.0843，说明样本的离散程度较小，标准误差为 0.02666，抽样误差较小。

（2）表 2.6 显示 t 检验值为 2.551、自由度为 9、t 检验的 p 值为 $\dfrac{0.031}{2}=0.0155<0.05$，因此，否定原假设 $H_0: \mu \leq 1.6$，接受备择假设 $H_1: \mu > 1.6$。

（3）由此，在显著性水平为 0.05 水平上的 t 检验结果是：苗木的平均高度大于 1.6m，苗木高度符合出圃的要求，可以出圃。

注：方差未知时 t 检验统计量为：

$$t = \frac{(\overline{X} - \mu_0)}{S/\sqrt{n}} \sim t(n-1)$$

2. 实验 2——两组血磷值的结果分析（见表 2.7 和表 2.8）

表 2.7　两组血磷脂 "data" 的基本描述统计

Group Statistics					
	group	N	Mean	Std. Deviation	Std. Error Mean
data	1	11	1.5209	0.42179	0.12718
	2	13	1.0846	0.42215	0.11708

表 2.8　两组血磷脂 "data" 的 t 检验

			data	
			Equal variances assumed	Equal variances not assumed
Levene's Test for Equality of Variances	F		0.032	
	Sig.		0.860	
t – test for Equality of Means	t		2.524	2.524
	df		22	21.353
	Sig.（2 – tailed）		0.019	0.020
	Mean Difference		0.43629	0.43629
	Std. Error Difference		0.17288	0.17286
	95% Confidence Interval of the Difference	Lower	0.07777	0.07716
		Upper	0.79482	0.79542

由于有些表格过长，较难显示，我们可以对输出结果中过长的表格进行行列转置（Transpose Rows and Columns），除这种处理方式外还有其他的方式。output 输出的表格行列转置的具体操作是：在 output 中先选中输出结果的表格，右击鼠标，在弹出的对话框中依次选择"Edit Content"—"In Separate Window"—"Pivot"—"Transpose Rows and Columns"，具体操作如图 2.14 和图 2.15 所示。

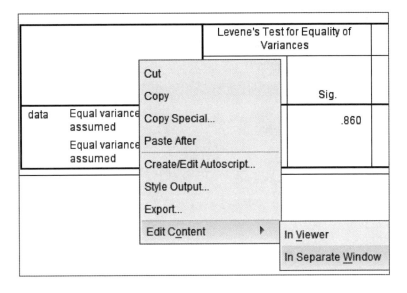

图 2.14 对输出表格进行行列转置

图 2.15 点击"Pivot"中的"Transpose"

（1）描述性统计给出了两个组的样本数 N、均值 Mean、标准差 STd. Deviation、标准误差 Std. Error Mean。

（2）方差齐次检验（Levene 检验）：$F = 0.032$，检验的 p 值为 $0.86 > 0.05$，故不能拒绝原假设H_0：Equalvariances assumed，即认为方差是齐次的。方差齐次即相等，详见实验原理中第 2 点的原理。

（3）此时 t 检验的结果为 2.524、自由度 $df = 22$、检验的 p 值为 $0.019 < 0.05$，故否定原假设H_0：$\mu_1 = \mu_2$，认为两组间血磷值有差别。

注：设X_{11}，X_{12}，$\cdots$，X_{1n_1}是来自正态总体 N（μ_1，σ^2）的一个样本，X_{21}，X_{22}，$\cdots$，X_{2n_2}是来自正态总体 N（μ_2，σ^2）的一个样本，且两样本相互独立，检验两组均值是否有显著差异的统计量为：

$$t = \frac{\overline{X}_1 - \overline{X}_2}{S_p} \sqrt{\frac{n_1 n_2}{n_1 + n_2}} \sim t\ (n_1 + n_2 - 2)$$

其中，$S_p = \sqrt{\dfrac{(n_1 - 1)\ S_1^2 + (n_2 - 1)\ S_2^2}{n_1 + n_2 - 2}}$为两个样本的混合标准差。

3. 实验3——乳酸饮料配对样本 t 检验的结果分析（见表 2.9 至表 2.11、图 2.16 和图 2.17）

表 2.9　配对 t 检验的基本描述统计

		Mean	N	Std. Deviation	Std. Error Mean
Pair 1	method 1	0.79520	10	0.184362	0.058300
	method 2	0.52280	10	0.185981	0.058812

表 2.10　method 1 和 method 2 的相关系数

		N	Correlation	Sig.
Pair 1	method 1 & method 2	10	0.828	0.003

表 2.11　配对 t 检验

		Paired Differences					t	df	Sig. (2-tailed)
		Mean	Std. Deviation	Std. Error Mean	95% Confidence Interval of the Difference				
					Lower	Upper			
Pair 1	method 1 – method 2	0.272400	0.108681	0.034368	0.194654	0.350146	7.926	9	0.000

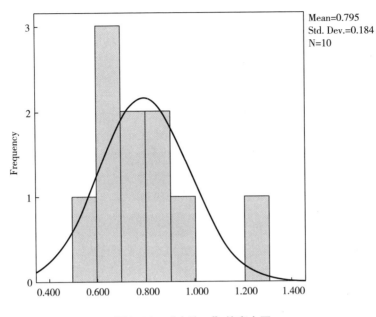

图 2.16　"方法一"的直方图

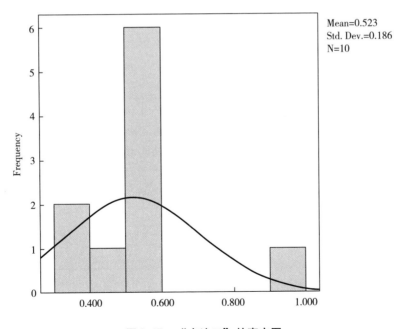

图 2.17　"方法二"的直方图

（1）两种测量方法下的脂肪含量的平均值分别为 0.7952、0.5228，标准差分别为 0.184362、0.185981，说明方法 1 的测定结果均值较高，标准差较小。

（2）$T = 7.926$、自由度为 9、检验的 $p = 0.000 < 0.05$ 说明差异性显著，因此拒绝原假设H_0：两种方法的测定结果相同，即认为两种方法测定的结果不同。

（3）在显著性水平为 0.05 水平上的检验结果认为，两种方法对脂肪含量的测定结果不同，哥特里 – 罗紫法测定结果较高。

注：设 (X_{11}, X_{21})，(X_{12}, X_{22})，$\cdots$，(X_{1n}, X_{2n}) 是 n 对观测值，每对观测值有 1 个差值：$D_i = X_{1i} - X_{2i}$，$i = 1, 2, \cdots, n$，将 $D_1, D_2, \cdots, D_n$ 视为 $X_1 - X_2$ 的一个样本，$X_1 - X_2$ 也是正态分布，其均值为 $\mu = \mu_1 - \mu_2$。检验统计量为：

$$t = \frac{\overline{D}\sqrt{n}}{S} \sim t\ (n-1)$$

4. 实验 4——化肥的单因素方差分析的实验结果分析（见表 2.12 至表 2.15、图 2.18）

表 2.12　实验 4 的描述统计结果

quantity

| | | N | Mean | Std. Deviation | Std. Error | 95% Confidence Interval for Mean | | Minimum | Maximum | Between – Component Variance |
						Lower Bound	Upper Bound			
	1	6	48.83	2.041	0.833	46.69	50.98	46	52	
	2	6	41.33	4.367	1.783	36.75	45.92	36	47	
	3	6	49.33	1.751	0.715	47.50	51.17	46	51	
	Total	18	46.50	4.681	1.103	44.17	48.83	36	52	
Model	Fixed Effects			2.961	0.698	45.01	47.99			
	Random Effects			2.587		35.37	57.63			18.622

表 2.13　方差齐次检验

quantity

Levene Statistic	df1	df2	Sig.
3.486	2	15	0.057

表 2.14 方差分析

quantity

	Sum of Squares	df	Mean Square	F	Sig.
Between Groups	241. 000	2	120. 500	13. 745	0. 000
Within Groups	131. 500	15	8. 767		
Total	372. 500	17			

表 2.15 采用 LSD 方法进行多重比较

Dependent Variable：Quantity

LSD

(I) group	(J) group	Mean Difference (I－J)	Std. Error	Sig.	95% Confidence Interval	
					Lower Bound	Upper Bound
1	2	7. 500*	1. 709	0. 001	3. 86	11. 14
	3	－0. 500	1. 709	0. 774	－4. 14	3. 14
2	1	－7. 500*	1. 709	0. 001	－11. 14	－3. 86
	3	－8. 000*	1. 709	0. 000	－11. 64	－4. 36
3	1	0. 500	1. 709	0. 774	－3. 14	4. 14
	2	8. 000*	1. 709	0. 000	4. 36	11. 64

注：*. The mean difference is significant at the 0. 05 level.

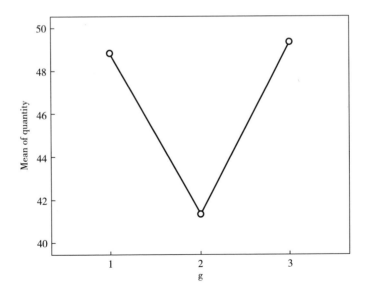

图 2.18 3 种化肥产量的均值折线图

（1）施用 3 种化肥的产量平均值分别为 48.8333、41.3333、49.3333；标准差分别为 2.04124、4.36654、1.75119。

（2）从图 2.18 可以看出，3 种化肥使用后的产量均值差距较大，从图 2.16 和图 2.17 可以看出，产量近似正态分布，当然也可以进一步进行更为严谨的正态性检验。

（3）表 2.14 的方差分析表中 F 检验的结果显示 F = 13.745、自由度为 2、检验结果中显示 $p = 0.000 < 0.05$，说明差异性显著，因此，拒绝原假设 H_0：3 块农田的常量均值相同，即认为 3 块农田的产量均值不同。

（4）由以上结果可知，显著性水平为 0.05 时可以认为实验 3 中的两种方法对脂肪含量的测定结果不同，哥特里 - 罗紫法测定结果较高；实验 4 中丙种化肥产量最高，肥效最好。

5. 实验 5——关于超市的多因素方差分析的实验结果分析（见表 2.16 至表 2.20）

表 2.16　多因素方差分析[a]

Dependent Variable：Sales

Source	Type III Sum of Squares	df	Mean Square	F	Sig.
Corrected Model	3019.333[a]	11	274.485	12.767	0.000
Intercept	108272.667	1	108272.667	5035.938	0.000
position	1102.333	3	367.444	17.090	0.000
scale	1828.083	2	914.042	42.514	0.000
position * scale	88.917	6	14.819	0.689	0.663
Error	258.000	12	21.500		
Total	111550.000	24			
Corrected Total	3277.333	23			

注：a. R Squared = 0.921（Adjusted R Squared = 0.849）.

表 2.16 表明，同种商品在不同规模和不同摆放位置的销量 F = 12.767，拒绝原假设（H_0：同种商品在不同规模超市和不同摆放位置的情况下销量相同），即可以认为同种商品在不同规模超市和不同摆放位置的情况下，销售量存在显著差异；检验的 $p = 0.000 < 0.05$，故根据 p 值检验结果拒绝原假设，接受备择假设。

表 2.17 表明，C 位置销量 > B 位置销量 > A 位置销量 > D 位置销量，即堆头位置销量 > 端架位置销量 > 货架阳面第一位置 > 货架阳面第二位置。

表 2.17 摆放位置

Dependent Variable：Sales

position	Mean	Std. Error	95% Confidence Interval	
			Lower Bound	Upper Bound
1	60.833	1.893	56.709	64.958
2	70.500	1.893	66.376	74.624
3	76.667	1.893	72.542	80.791
4	60.667	1.893	56.542	64.791

表 2.18 超市规模

Dependent Variable：Sales

scale	Mean	Std. Error	95% Confidence Interval	
			Lower Bound	Upper Bound
1	77.750	1.639	74.178	81.322
2	67.375	1.639	63.803	70.947
3	56.375	1.639	52.803	59.947

表 2.18 表明，超市规模越大，相应的销量就越大。

表 2.19 超市位置"position"的多重比较

Dependent Variable：Sales

LSD

(I) position	(J) position	Mean Difference (I－J)	Std. Error	Sig.	95% Confidence Interval	
					Lower Bound	Upper Bound
1	2	－9.6667*	2.67706	0.004	－15.4995	－3.8338
	3	－15.8333*	2.67706	0.000	－21.6662	－10.0005
	4	0.1667	2.67706	0.951	－5.6662	5.9995
2	1	9.6667*	2.67706	0.004	3.8338	15.4995
	3	－6.1667*	2.67706	0.040	－11.9995	－0.3338
	4	9.8333*	2.67706	0.003	4.0005	15.6662
3	1	15.8333*	2.67706	0.000	10.0005	21.6662
	2	6.1667*	2.67706	0.040	0.3338	11.9995
	4	16.0000*	2.67706	0.000	10.1672	21.8328
4	1	－0.1667	2.67706	0.951	－5.9995	5.6662
	2	－9.8333*	2.67706	0.003	－15.6662	－4.0005
	3	－16.0000*	2.67706	0.000	－21.8328	－10.1672

注：The error term is Mean Square（Error）＝21.500.

∗. The mean difference is significant at the 0.05 level.

资料来源：Based on observed means.

表 2.20 超市规模"sales"的多重比较

Dependent Variable: Sales

LSD

(I) scale	(J) scale	Mean Difference (I − J)	Std. Error	Sig.	95% Confidence Interval	
					Lower Bound	Upper Bound
1	2	10.3750 *	2.31840	0.001	5.3236	15.4264
	3	21.3750 *	2.31840	0.000	16.3236	26.4264
2	1	− 10.3750 *	2.31840	0.001	− 15.4264	− 5.3236
	3	11.0000 *	2.31840	0.000	5.9486	16.0514
3	1	− 21.3750 *	2.31840	0.000	− 26.4264	− 16.3236
	2	− 11.0000 *	2.31840	0.000	− 16.0514	− 5.9486

注: The error term is Mean Square (Error) = 21.500.

*. The mean difference is significant at the 0.05 level.

资料来源: Based on observed means.

多重比较（Multiple Comparison Procedures）的方法有许多种，LSD 是费希尔提出的最小显著差异法（Least Significant Difference）。LSD 即以上结果均显示同种商品在不同规模超市和不同摆放位置的情况下，销售量存在显著差异，并且堆头位置销量 > 端架位置销量 > 货架阳面第一位置 > 货架阳面第二位置，说明超市规模越大，销售量越大。

六、小知识

（1）SPSS 可以画直方图：Graphs→Graphboard Template Chooser，然后选择数据及相应的模板，最后点击"OK"即可。直方图可以用来大致观察总体的分布情况，也可以采用正态性检验的方法来检验数据是否服从正态分布。

（2）检验的 p 值 Sig. $= \sup_{\theta \in \Theta_0} P_\theta (T > t_0)$，又称"观测"到的显著水平，具体的理论可以查阅统计学的相关教材，检验的显著性水平 α 一般取 0.05 或 0.01，也有取到 0.10 的。

（3）在统计学中，自由度（Degree of Freedom，DF）是指计算某一统计量时取值不受限制的变量个数。通常 $df = n - k$，其中 n 为样本数量，k 为被限制的条件数或变量个数，或计算某一统计量时用到其他独立统计量的个数。

第三章　信息基础设施发展状况的分类
——最短距离法

一、实验目的

理解聚类分析的基本原理，能够熟练使用 SPSS 完成 Q 型聚类分析中的最短距离法，包括录入数据、分析数据和得到实验结果，并对结果进行合理的分析和解释。

二、实验原理——最短距离法

设有 n 个样品，每个样品测得 p 项指标（变量），原始资料阵为：

$$X = \begin{bmatrix} x_{11} & x_{12} & \cdots & x_{1p} \\ x_{21} & x_{22} & \cdots & x_{2p} \\ \vdots & \vdots & & \vdots \\ x_{n1} & x_{n2} & \cdots & x_{np} \end{bmatrix}$$

用 d_{ij} 表示样品 $X_{(i)}$ 与 $X_{(j)}$ 之间距离，用 D_{ij} 表示类 G_i 与 G_j 之间的距离。

定义两类 G_p 与 G_q 中最近样品的距离为：

$$D_{pq} = \min_{x_{(i)} \in G_p, x_{(j)} \in G_q} d_{ij}$$

设类 G_p 与 G_q 合并成一个新类记为 G_r。

定义任一类 G_k 与新类 G_r 的距离：

$$
\begin{aligned}
D_{kr} &= \min_{x_{(i)} \in G_k, x_{(j)} \in G_r} d_{ij} \\
&= \min \left\{ \min_{x_{(i)} \in G_k, x_{(j)} \in G_p} d_{ij}, \min_{x_{(i)} \in G_k, x_{(j)} \in G_q} d_{ij} \right\} \\
&= \min \{ D_{kp}, D_{kq} \}
\end{aligned}
$$

最短距离法聚类的步骤如下[①]：

（1）定义样品之间的距离，计算样品两两距离，得一距离阵记为 $D_{(0)}$，开始

---

① 任雪松，于秀林．多元统计分析［M］．北京：中国统计出版社，2013.

每个样品自成一类，这时 $D_{ij} = d_{ij}$。

（2）找出 $D_{(0)}$ 的非对角线最小元素，设为 D_{pq}，则将 G_p 和 G_q 合并成一个新类，记为 G_r，即 $G_r = \{G_p, G_q\}$。

（3）给出计算新类与其他类的距离公式：

$$D_{kr} = \min\{D_{kp}, D_{kq}\}$$

（4）将第 $D_{(0)}$ 中第 p、q 行及 p、q 列用步骤3中的公式并成一个新行、新列，新行新列对应 G_r，所得到的距离阵记为 $D_{(1)}$。

（5）对 $D_{(1)}$ 重复上述对 $D_{(0)}$ 的步骤2、步骤3、步骤4，两步得 $D_{(2)}$；依此，直到所有的元素并成一类为止。

注：如果某一步非对角线最小的元素多于1个，则对应这些最小元素的类可以同时合并。

三、实验内容——Q 型聚类

选取反映 20 个国家和地区的基础设施发展的变量及数据如表 3.1 所示：

表 3.1   20 个国家和地区的信息基础设施发展状况

Number	Country	Call	Movecall	Fee	Computer	Mips	Net
1	USA	631.6	161.9	0.36	403	26073	35.34
2	Japan	498.4	143.2	3.57	176	10223	6.26
3	German	557.6	70.6	2.18	199	11571	9.48
4	Sweden	684.1	281.8	1.40	286	16660	29.39
5	Switzer	644.0	93.5	1.98	234	13621	2.27
6	Denmark	620.3	248.6	2.56	296	17210	21.84
7	Singapo	498.4	147.5	2.5	284	13578	13.49
8	Taiwan	469.4	56.1	3.68	119	6911	1.72
9	Korea	434.5	73.0	3.36	99	5795	1.66
10	Brazil	81.9	16.3	3.02	19	876	0.52
11	Chile	138.6	8.2	1.40	31	1411	1.28
12	Mexico	92.2	9.8	2.61	31	1751	0.35
13	Russian	174.9	5.0	5.12	24	1101	0.48
14	Porland	169.0	6.5	3.68	40	1796	1.45
15	Hungary	262.2	49.4	2.66	68	3067	3.09

续表

Number	Country	Call	Movecall	Fee	Computer	Mips	Net
16	Malaysia	195.5	88.4	4.19	53	2734	1.25
17	Tailand	78.6	27.8	4.95	22	1662	0.11
18	India	13.6	0.3	6.28	2	101	0.01
19	France	559.1	42.9	1.27	201	11702	4.76
20	British	521.1	122.5	0.98	248	14461	11.91

注：Call 表示每千人拥有电话线数；Movecall 表示每千户居民蜂窝移动电话数；Fee 表示高峰时期每三分钟国际电话的成本；Computer 表示每千人拥有的计算机数；Mips 表示每千人中计算机功率（每秒百万指令）；Net 表示每千人互联网络户主数。

资料来源：世界竞争力报告 1997［R］.

四、实验过程

1. 建立数据文件

（1）在桌面新建文件夹"HCofQClustering"，该步骤也可以省略。

（2）打开 SPSS。

（3）选择"Variable view"，输入变量名及变量属性，如表 3.2 所示。

（4）切换到"Data view"，输入数据，也可直接通过菜单栏中的"Open"来打开已有的 Excel 格式的数据，具体操作如图 3.1 和图 3.2 所示。

（5）选择菜单"File"、"Save as"选择保存的位置桌面"HCofQClustering"，命名为"DatasofNationalInfor. sav"。

表 3.2 变量属性

Name	Type	Width	Decimals
Country	String	8	—
movecall	numerical	8	2

2. 分析数据

（1）选择菜单"File"，打开已保存的数据"DatasofNationalInfor"。

（2）依次选择菜单及子菜单"Analyze"、"Classify"、"Hierarchical Cluster"，并在"Hierarchical cluster analysis"中，添加变量"call, movecall, …, net"6个指标到"Variables"，添加"Country"到"Label cases by"。

图 3.1 直接打开 Excel 格式的数据

图 3.2 选中要打开的 Excel 数据

（3）选择"Statistics"，在新弹出的窗口中勾选"Agglomeration Schedule"和"Proximity matrix"，并在"Range of solutions"处指定聚类解的个数范围为 2~6，点击"Continue"返回。

（4）选择"Plots"，在新弹出的窗口中勾选"Dendrogram"，点击"Continue"返回。

（5）选择"Method"，在新弹出的窗口中，在"Cluster method"栏选择"Nearest neighbor"，在"Measure"栏选择"Interval（Squared Euclidean distance）"，在"Standardize"栏选择"Z - Score"，点击"Continue"返回。

（6）选择"Save"，在新弹出的窗口中，"Range of Solutions"栏设定保存聚类解的新变量范围为 2~6，点击"Continue"返回。

（7）点击"OK"即可输出结果清单。

（8）在菜单栏选择"File"、"Save as"，选择保存位置桌面"HCofQClustering"，保存为"Output1_ Z - Scores_ Ward - Methods_ Squared - Euc"。

（9）最后可以打印结果并输出为 pdf 文件（见图 3.3 和图 3.4）。

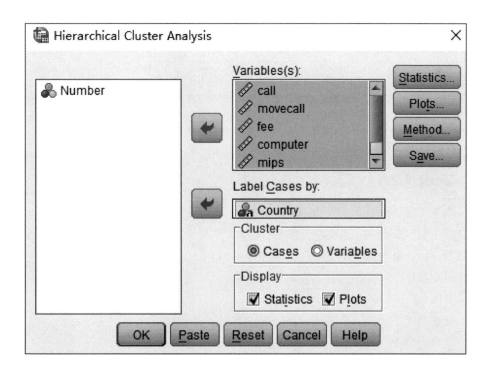

图 3.3 Q 型聚类

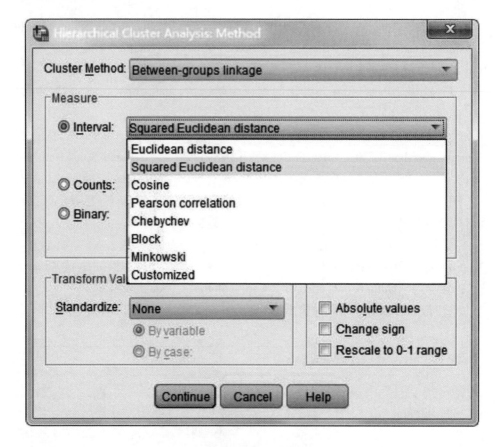

图 3.4　系统聚类的具体选项

五、结果分析

图 3.5 显示的是最短距离法的树状图，该结果显示，如果分成两类的话，美国自成一类，其余国家和地区为一类。如果分成三类的话，美国为一类，丹麦和瑞典为一类，其余国家和地区为一类。

第 I 类

美国

第 II 类

瑞典、丹麦

第 III 类

巴西、墨西哥、波兰、匈牙利、智利、俄罗斯、泰国、印度、马来西亚；中国台湾、韩国、日本、德国、法国、新加坡、英国、瑞士

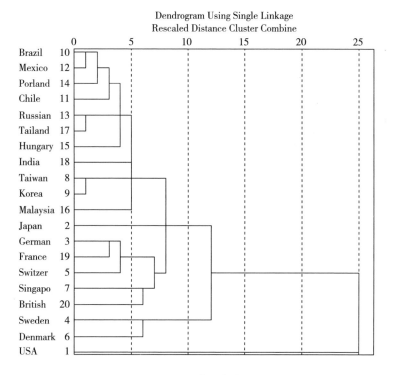

图 3.5 Q 型系统聚类的树状图

和类平均法相比，最短距离法、重心法使空间浓缩。最长距离法、可变类平均法、离差平方和法使空间扩散，而类平均法比较适中。实际操作过程中的"Cluster Method"栏中也可以将"Nearest neighbor"换作"Ward's method"，即Ward's 平方法，也叫离差平方和法进行聚类分析，结果如图 3.6 所示。结合实际情况，采用离差平方和法把 20 个国家和地区分为两类：

第Ⅰ类

巴西、墨西哥、波兰、匈牙利、智利、俄罗斯、泰国、印度、马来西亚

第Ⅱ类

瑞典、丹麦、美国、中国台湾、韩国、日本、德国、法国、新加坡、英国、瑞士

其中，第Ⅰ类中的国家为转型国家和亚洲、拉丁美洲发展中国家，这些国家经济较不发达，基础设施薄弱，属于信息基础设施比较落后的国家；第Ⅱ类中的国家和地区是美、日、欧洲发达国家与新兴工业化国家和地区中国台湾、新加坡、韩国。

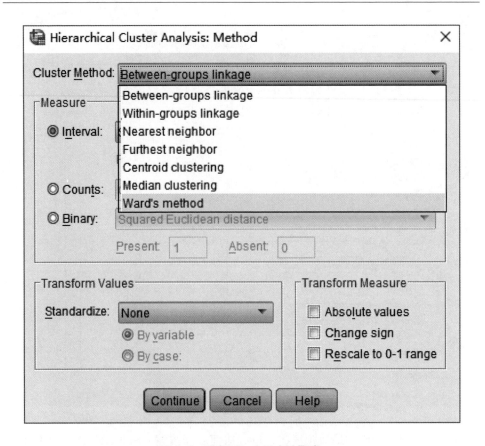

图 3.6 采用 Ward 平方法聚类

六、名词

（1）Statistics：选择输出统计量。

（2）Plots：选择输出统计图。

（3）Method：选择聚类方法。

（4）Save：建立保存聚类解的新变量。

（5）Agglomeration schedule：凝聚状态进度表。

（6）Proximity matirx：相似性矩阵，实际上算出来的是$D_{(0)}$，本例为欧氏距离的平方。

（7）Dendrogram：树状图。

第四章 普通高等教育发展状况分析

——系统聚类法

一、案例研究背景

近年来，我国普通高等教育得到了迅速发展，为国家培养了大批人才。但由于我国各地区经济发展不均衡，加之高等院校原有布局使高等教育发展的起点不一致，因而各地区普通高等教育发展水平存在一定的差异，不同的地区具有不同的特点。对我国各地区普通高等教育的发展状况进行聚类分析，明确各类地区普通高等教育发展的差异与特点，有利于管理部门和决策部门从宏观上把握我国普通高等教育的整体发展现状，分类制定相关政策，更好地指导和规划我国高等教育事业的整体健康发展。

二、案例研究过程

1. 建立综合评价指标体系

高等教育是依赖高等院校进行的，高等教育的发展状况主要体现在高等院校的规模、学校数量、在校学生数量、教职工情况和经费等相关方面。遵循可比性原则从高等教育的五个方面选取 10 项评价指标，具体如图 4.1 所示，可建立我国高等教育的综合评价指标体系。

2. 数据资料

指标的原始数据取自《中国统计年鉴（1995）》和《中国教育统计年鉴（1995）》除以各地区相应的人口数得到 10 项指标值（见表 4.1）。

表 4.1 高等教育的五个方面选取 10 项评价指标

地区	X1	X2	X3	X4	X5	X6	X7	X8	X9	X10
北京	5.96	310	461	1557	931	319	44.36	2615	2.20	13631
上海	3.39	234	308	1035	498	161	35.02	3052	0.90	12665
天津	2.35	157	229	713	295	109	38.40	3031	0.86	9385

续表

地区	X1	X2	X3	X4	X5	X6	X7	X8	X9	X10
陕西	1.35	81	111	364	150	58	30.45	2699	1.22	7881
辽宁	1.50	88	128	421	144	58	34.30	2808	0.54	7733
吉林	1.67	86	120	370	153	58	33.53	2215	0.76	7480
黑龙江	1.17	63	93	296	117	44	35.22	2528	0.58	8570
湖北	1.05	67	92	297	115	43	32.89	2835	0.66	7262
江苏	0.95	64	94	287	102	39	31.54	3008	0.39	7786
广东	0.69	39	71	205	61	24	34.50	2988	0.37	11355
四川	0.56	40	57	177	61	23	32.62	3149	0.55	7693
山东	0.57	58	64	181	57	22	32.95	3202	0.28	6805
甘肃	0.71	42	62	190	66	26	28.13	2657	0.73	7282
湖南	0.74	42	61	194	61	24	33.06	2618	0.47	6477
浙江	0.86	42	71	204	66	26	29.94	2363	0.25	7704
新疆	1.29	47	73	265	114	46	25.93	2060	0.37	5719
福建	1.04	53	71	218	63	26	29.01	2099	0.29	7106
山西	0.85	53	65	218	76	30	25.63	2555	0.43	5580
河北	0.81	43	66	188	61	23	29.82	2313	0.31	5704
安徽	0.59	35	47	146	46	20	32.83	2488	0.33	5628
云南	0.66	36	40	130	44	19	28.50	1974	0.48	9106
江西	0.77	43	63	194	67	23	28.81	2515	0.34	4085
海南	0.70	33	51	165	47	18	27.34	2344	0.28	7928
内蒙古	0.84	43	48	171	65	29	27.65	2032	0.32	5581
西藏	1.69	26	45	137	75	33	12.10	810	1.00	14199
河南	0.55	32	46	130	44	17	28.41	2341	0.30	5714
广西	0.60	28	43	129	39	17	31.93	2146	0.24	5139
宁夏	1.39	48	62	208	77	34	22.70	1500	0.42	5377
贵州	0.64	23	32	93	37	16	28.12	1469	0.34	5415
青海	1.48	38	46	151	63	30	17.87	1024	0.38	7368

注：X1 为每百万人口高等院校数；X2 为每十万人口高等院校毕业生数；X3 为每十万人口高等院校招生数；X4 为每十万人口高等院校在校生数；X5 为每十万人口高等院校教职工数；X6 为每十万人口高等院校专职教师数；X7 为高级职称占专职教师的比例；X8 为平均每所高等院校的在校生数；X9 为国家财政预算内普通高等教育经费占国内生产总值的比重；X10 为生均教育经费。

资料来源：刘贤龙．我国普通高等教育发展水平的统计分析［J］．数理统计与管理，1998 (5)：2-5.

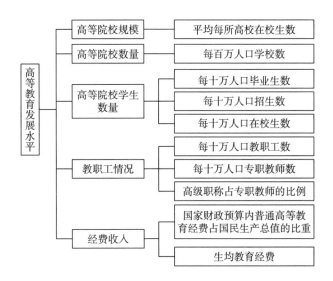

图4.1　高等教育的十项评价指标（由 Visio 绘制流程图）

3. R – 型聚类分析

R – 型聚类分析是指对变量（Variable）进行聚类，操作界面如图4.2所示。对比观察反映高等教育发展状况的五个方面10项评价指标后可以看出，某些指标之间存在较强的相关性。例如，X2、X3与X4之间存在较强的相关性，X5和X6之间可能存在较强的相关性。为了验证这种想法，运用SPSS计算10个指标之间的相关系数，相关系数矩阵如表4.2所示。

表4.2　相关系数矩阵

Case	Matrix File Input									
	X1	X2	X3	X4	X5	X6	X7	X8	X9	X10
X1	1.000	0.943	0.953	0.959	0.975	0.980	0.407	0.066	0.868	0.661
X2	0.943	1.000	0.995	0.995	0.974	0.970	0.614	0.350	0.804	0.600
X3	0.953	0.995	1.000	0.999	0.983	0.981	0.626	0.344	0.823	0.617
X4	0.959	0.995	0.999	1.000	0.988	0.986	0.610	0.326	0.828	0.612
X5	0.975	0.974	0.983	0.988	1.000	0.999	0.560	0.241	0.859	0.617
X6	0.980	0.970	0.981	0.986	0.999	1.000	0.550	0.222	0.869	0.616
X7	0.407	0.614	0.626	0.610	0.560	0.550	1.000	0.779	0.366	0.151

Case	Matrix File Input									
	X1	X2	X3	X4	X5	X6	X7	X8	X9	X10
X8	0.066	0.350	0.344	0.326	0.241	0.222	0.779	1.000	0.112	0.048
X9	0.868	0.804	0.823	0.828	0.859	0.869	0.366	0.112	1.000	0.683
X10	0.661	0.600	0.617	0.612	0.617	0.616	0.151	0.048	0.683	1.000

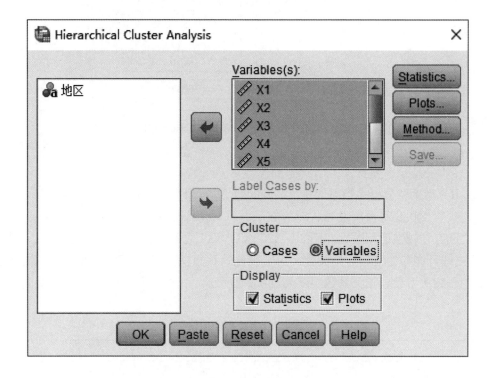

图 4.2　R – 型聚类

从表 4.2 可以看出，某些指标之间确实存在很强的相关性，因此可以考虑从这些指标中选取几个有代表性的指标进行聚类分析。为此，把 10 个指标根据相关性进行 R – 型聚类，再从每个类中选取代表性的指标。先对每个变量（指标）的数据分别进行标准化处理。变量间相近性度量采用"Pearson Correlation"（相关系数）（见图 4.3），类间相近性度量的计算选用"Between – groups Linkage"（类平均法）。

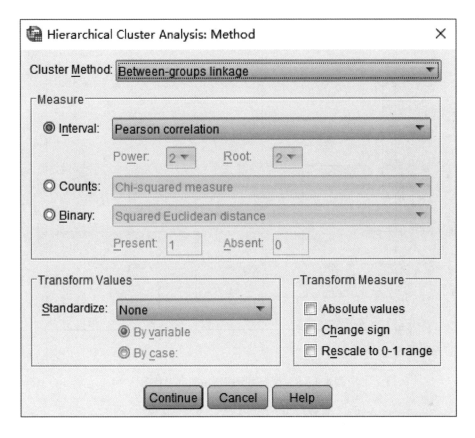

图4.3　R-型聚类变量间相近性度量采用"Pearson Correlation"（相关系数）

从图4.4中可以看出，每十万人口高等院校招生数、每十万人口高等院校在校生数、每十万人口高等院校教职工数、每十万人口高等院校专职教师数、每十万人口高等院校毕业生数5个指标之间有较大的相关性，最先被聚到一起。如果将10个指标分为6类，其他5个指标各自为一类，这样就从10个指标中选定了6个分析指标，具体如表4.3所示。

4. Q-型聚类分析

Q-型聚类是对样品（Case）的聚类。根据选定的6个指标对30个地区进行聚类分析。先对每个变量的数据分别进行标准化处理，样本间相似性采用欧氏距离（Euclidean Distance），类间距离的计算选用类平均法（Between-groups Likage），具体操作如图4.5至图4.8所示，输出结果如图4.9和表4.4所示。

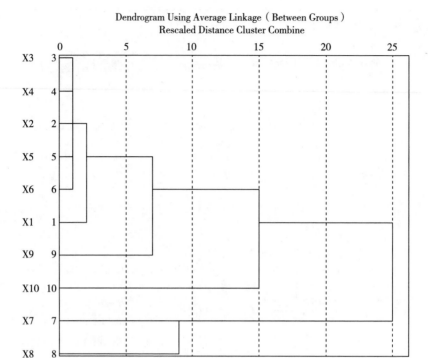

图 4.4 R-型聚类分析谱系图 (树状图)

表 4.3 R-型聚类成 2~6 类的结果

Case	6 Clusters	5 Clusters	4 Clusters	3 Clusters	2 Clusters
X1	1	1	1	1	1
X2	2	1	1	1	1
X3	2	1	1	1	1
X4	2	1	1	1	1
X5	2	1	1	1	1
X6	2	1	1	1	1
X7	3	2	2	2	2
X8	4	3	3	2	2
X9	5	4	1	1	1
X10	6	5	4	3	1

注：X1 为每百万人口高等院校数；X2 为每十万人口高等院校毕业生数[①]；X7 为高级职称占专职教师的比例；X8 为平均每所高等院校的在校生数；X9 为国家财政预算内普通高等教育经费占国内生产总值的比重；X10 为生均教育经费。

---

① 问题思考：为何此处选择X2作为X2，……，X6的代表？

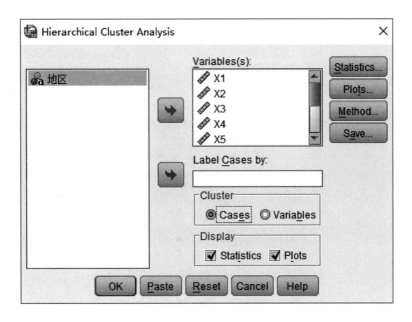

图 4.5　Q - 型聚类

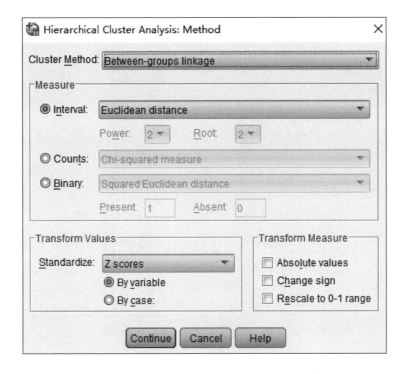

图 4.6　选择组间距离、欧式距离法

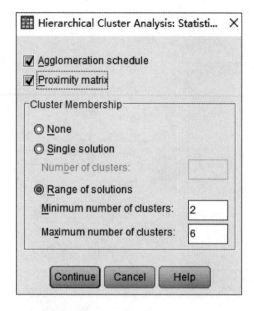

图 4.7　选择输出聚类过程、聚类个数为 2 ~ 6 个

图 4.8　选择输出聚类树状图

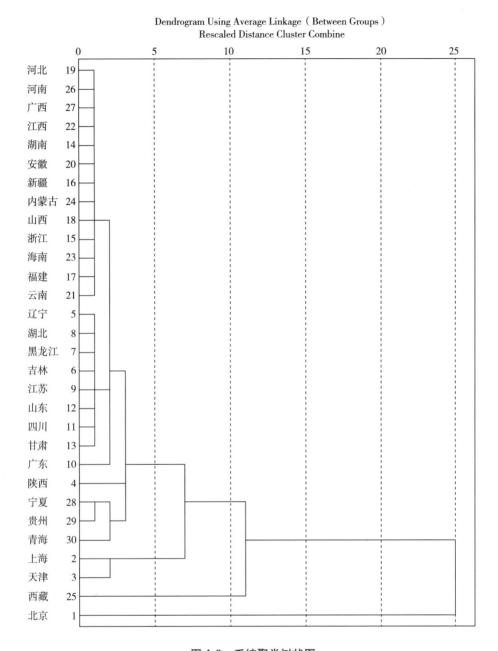

图 4.9　系统聚类树状图

表 4.4 Q-型聚类为 2~6 类的聚类结果

Case	6 clusters	5 Clusters	4 Clusters	3 clusters	2clusters
1：北京	1	1	1	1	1
2：上海	2	2	2	2	
3：天津	2	2	2	2	2
4：陕西	3	3	3	2	2
5：辽宁	4	3	3	2	2
6：吉林	4	3	3	2	2
7：黑龙江	4	3	3	2	2
8：湖北	4	3	3	2	2
9：江苏	4	3	3	2	2
10：广东	4	3	3	2	2
11：四川	4	3	3	2	2
12：山东	4	3	3	2	2
13：甘肃	4	3	3	2	2
14：湖南	4	3	3	2	2
15：浙江	4	3	3	2	2
16：新疆	4	3	3	2	2
17：福建	4	3	3	2	2
18：山西	4	3	3	2	2
19：河北	4	3	3	2	2
20：安徽	4	3	3	2	2
21：云南	4	3	3	2	2
22：江西	4	3	3	2	2
23：海南	4	3	3	2	2
24：内蒙古	4	3	3	2	2
25：西藏	5	4	4	3	2
26：河南	4	3	3	2	2
27：广西	4	3	3	2	2
28：宁夏	6	5	3	2	2
29：贵州	6	5	3	2	2
30：青海	6	5	3	2	2

三、结果分析

各地区高等教育发展状况存在较大的差异，高等教育资源的地区分布很不均衡。

如果根据各地区高等教育发展状况把30个地区分为三类，结果为：

第Ⅰ类

北京

第Ⅱ类

西藏

第Ⅲ类

其他地区

如果根据各地区高等教育发展状况把30个地区分为四类，结果为：

第Ⅰ类

北京

第Ⅱ类

西藏

第Ⅲ类

上海、天津

第Ⅳ类

其他地区

如果根据各地区高等教育发展状况把30个地区分为五类，结果为：

第Ⅰ类

北京

第Ⅱ类

西藏

第Ⅲ类

上海、天津

第Ⅳ类

宁夏、贵州、青海

第Ⅴ类

其他地区

从以上结果结合聚类图中的合并距离可以看出，北京的高等教育状况与其他地区相比有非常大的不同，主要表现在每百万人口的学校数量和每百万人口的学生数量以及国家财政预算内普通高校经费占国内生产总值的比重等方面远远高于其他地区，这与北京作为全国的政治、经济与文化中心的地位是吻合的。

上海和天津作为另外两个较早建立的直辖市，高等教育状况和北京类似。

宁夏、贵州和青海的高等教育状况极为类似，高等教育资源相对匮乏。

西藏作为一个非常特殊的民族地区，其高等教育状况具有和其他地区不同的情形，被单独聚为一类，主要表现在每百万人口高等院校数比较高，国家财政预算内普通高等教育经费占国内生产总值的比重和生均教育经费也相对较高，而高级职称占专职教师的比例与平均每所高等院校的在校生数又都是全国最低的。这正是西藏高等教育状况的特殊之处：人口相对较少，经费比较充足，高等院校规模较小，师资力量薄弱。

其他地区的高等教育状况较为类似，共同被聚为一类。

针对这种情况，有关部门可以采取相应措施对宁夏、贵州、青海和西藏地区的教育进行扶持，以促进当地高等教育事业的发展。

所谓标准化处理，即标准化变换。对于 Q - 型聚类分析，选择"Standardize"下"Z - Score"中的"By Variables"；对于 R - 型聚类分析，选择"Standardize"下"Z - Score"中的"By Case"。

四、小知识

SPSS 软件中聚类方法和间隔尺度的对应名称。

1. 聚类方法（Cluster Method）

（1）Between - groups Linkage（组间平均法，类平均法，见图 4.10）。

（2）Within - groups Linkage（组内平均法）。

（3）Nearest Neighbor（最短距离法）。

（4）Furthest Neighbor（最远距离法）。

（5）Centroid Clustering（重心法）。

（6）Median Clustering（中间距离法）。

（7）Ward's Method（离差平方和法，也叫 Ward 平方法、Ward 法）。

2. 间隔尺度（Interval）：距离和相似系数

（1）Euclidean Distance（欧氏距离）。

（2）Squared Euclidean Distance（欧氏距离平方法，见图 4.11）。

（3）Cosine（方向余弦，也叫夹角余弦）。

（4）Pearson Correlation（皮尔逊相关系数）。

（5）Chebychev（切比雪夫距离）。

图 4.10 组间距离法

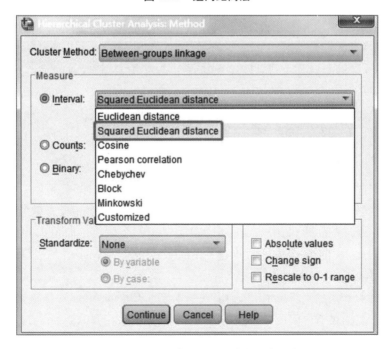

图 4.11 Interval 选择之一：欧式距离平方法

(6) Block （区域块或曼哈顿距离）。

(7) Minkowski （明可夫斯基距离）。

(8) Customized （自定义距离）。

3. R - 型聚类分析 （见图 4.12）

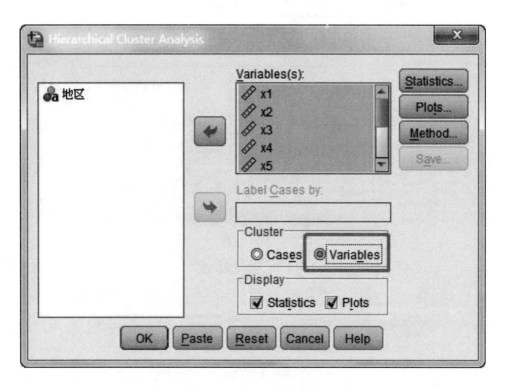

图 4.12　R - 型聚类分析

4. Q - 型聚类分析 （见图 4.13）

5. 系统聚类的一个简单的例子

假定抽取 5 个样品，为了解释方便，每个样品只有 1 个指标，取值分别是 1、2、3.5、7、9。先在 SPSS 中输入这 5 个样品的每一个取值，如图 4.14 所示。

参考图 4.15 的操作方式，点击 "Analyze" — "Classify" — "Hierarchical Cluster"，出现图 4.15 中的对话框。

点击图 4.16 中的 "Method" 则出现图 4.17，Cluster Method 是指聚类方法下拉菜单中出现类和类之间的 7 种聚类方法。分别介绍如下 （1） - （7）:

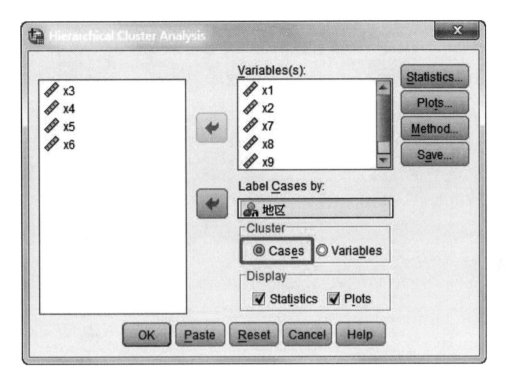

图 4.13　Q - 型聚类分析

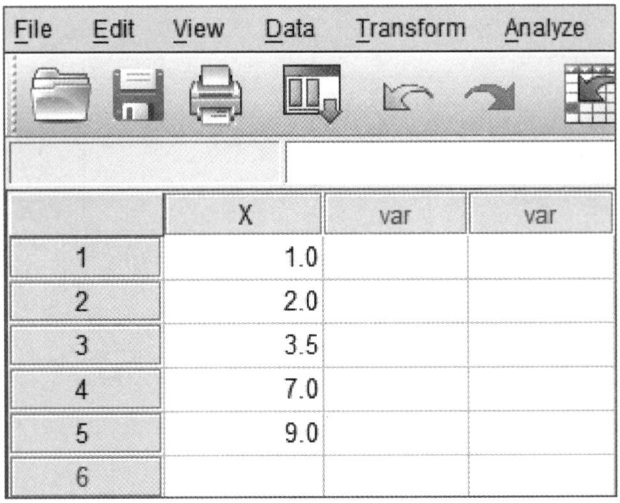

图 4.14　变量 X 的具体内容

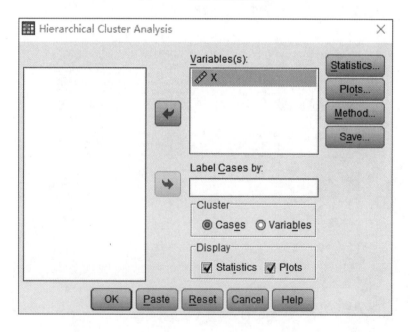

图 4. 15　选择系统聚类法

图 4. 16　选中变量"X"

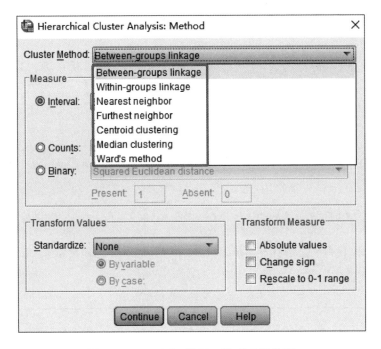

图 4.17　SPSS 中"Mthod"的 7 种选项

（1）Between – groups Linkage（组间连接法），也叫类平均法。该方法比较稳健，合并两类结果使得所有项对之间的平均距离最小，选择该选项同时"Interval"选择欧氏距离的平方后的输出结果如表 4.5 所示。

表 4.5　系统聚类的过程表

Stage	Cluster Combined		Coefficients	Stage Cluster First Appears		Next Stage
	Cluster 1	Cluster 2		Cluster 1	Cluster 2	
1	1	2	1.000	0	0	3
2	4	5	4.000	0	0	4
3	1	3	4.250	1	0	4
4	1	4	36.083	3	2	0

（2）Within – groups Linkage（组内连接法）。合并两类结果使得合并后的类中所有项之间的平均距离最小。选择该选项同时"Interval"选择欧氏距离的平方后的输出结果如表 4.6 所示。

以表 4.5 中 "4.250" 和 "36.083" 为例说明其计算方法，注意在 "Interval" 选择的是 "Squared Euclidean Distance"。

在 Stage 3 中可以看到，聚类到这一步的结果是 1、2 是一类，3.5 是一类，所以，

$$\frac{(3.5-1)^2+(3.5-2)^2}{2}=4.250$$

在 Stage4 中可以看到，分类结果是 1、2、3.5 分为一类，7、9 是另一类，所以计算原理如下：

$$\frac{(1-7)^2+(1-9)^2+(2-7)^2+(2-9)^2+(3.5-7)^2+(3.5-9)^2}{6}=36.083$$

表 4.6 和表 4.7 是选择 "Within-groups Linkage" 的输出结果。

表 4.6   系统聚类基本信息汇总[a,b]

Cases					
Valid		Missing		Total	
N	Percent	N	Percent	N	Percent
5	100.0	0	0.0	5	100.0

注：a. Squared Euclidean Distance ussed；b. Average Linkage（Within Groups）。

表 4.7   "Within-groups Linkage" 聚类的过程

Stage	Cluster Combined		Coefficients	Stage Cluster First Appears		Next Stage
	Cluster 1	Cluster 2		Cluster 1	Cluster 2	
1	1	2	1.000	0	0	2
2	1	3	3.167	1	0	4
3	4	5	4.000	0	0	4
4	1	4	23.000	2	3	0

从表 4.7 的第一列 Stage 4 可以分析出，分类结果是 1、2、3.5 为一类，7、9 是另一类，所以 "23.000" 的计算原理如下：

$$\frac{\begin{array}{c}(1-7)^2+(1-9)^2+(2-7)^2+(2-9)^2+(3.5-7)^2+\\(3.5-9)^2+(1-2)^2+(1-3.5)^2+(2-3.5)^2+(7-9)^2\end{array}}{10}=23$$

（3）Nearest Neighbor。用两类之间最近样品点之间的距离定义为两类之间距

离，比较容易理解，不一一列出计算方法。

（4）Furthest Neighbor。用两类之间最远样品点之间的距离定义为两类之间距离，比较容易理解，也不一一列出计算方法。

（5）Centroid Clustering。用两类重心（均值）之间的距离作为两类之间的距离。

（6）Median Clustering。用两类的中位数之间的距离作为两类之间的距离。

（7）Ward's Method。Ward 平方法即离差平方和法，该方法必须使用 Squared Euclidean Distance。

如图4.18所示，"Interval"下拉菜单出现8种距离定义法。

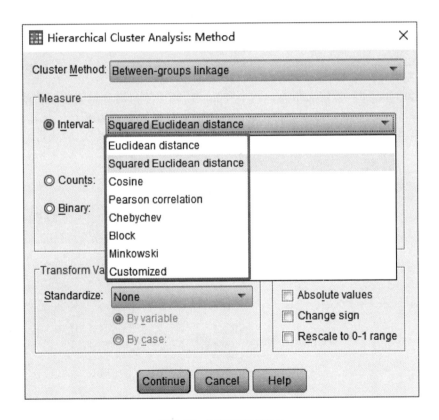

图4.18　8种距离定义法

根据变量类型选择距离或相似性的度量方法，分别介绍如下：

①Euclidean Distance：欧式距离，计算公式为：

$$\sqrt{(x_1-y_1)^2+(x_2-y_2)^2+\cdots}$$

②Squared Euclidean Distance：欧式距离平方，计算公式为：

$(x_1 - y_1)^2 + (x_2 - y_2)^2 + \cdots$

③Cosine：夹角余弦，计算公式为：

$(\sum x_i y_i) / \sqrt{(\sum x_i^2)(\sum y_i^2)}$

④Pearson Correlation：皮尔逊相关系数，计算公式为：

$(\sum zx_i zy_i) / (N - 1)$

⑤Chebychew：切比雪夫距离，计算公式为：

$\max(|x_1 - y_1|, |x_2 - y_2|, \cdots)$

⑥Block：区域块或曼哈顿距离，计算公式为：

$|x_1 - y_1| + |x_2 - y_2| + \cdots$

⑦Minkowski：明科斯基距离，计算公式为：

$\sqrt[p]{|x_1 - y_1|^p + |x_2 - y_2|^p + \cdots}$

⑧Customized：自定义距离，两个样品间距离等于每对变量值之差的绝对值 p 次方之和的 r 次方根，需要自行在 Power 中定义分量值之差的次方，在 Root 定义开多少次方。

第五章　农民生活的平均消费水平

——K-均值聚类法

一、实验目的

（1）熟练使用 SPSS 实现 K-均值聚类法；

（2）学会分析 K-均值聚类法的实验结果，并结合实验结果得出合理结论。

二、实验原理——K-均值聚类法

K-均值聚类法是麦卡因（MacQueen）于 1967 年提出来的。K-均值聚类法的原理如下：

（1）选择初始凝聚点和初始分类，如取 K 个初始凝聚点，将 n 个样品（或变量）初始分成 K 类。

（2）计算初始 K 个类均值（重心），然后对所有样品逐一计算它到初始类的距离（通常用欧氏距离作为样品到凝聚点的距离）。若某样品到它原来所在类的距离最近，则它仍待在原类，否则将它移动到和它距离最近的那一类，并重新计算失去该样品之后的那个类的重心以及接收该样品之后的那个类的重心，即重新计算每一类的均值（重心）作为该类的凝聚点。

（3）重新计算步骤（2），直到所有的样品都不能移动位置，或者说如果某一步所有的新凝聚点与前一次旧凝聚点重合，则计算过程终止，对有些问题经过不断修改和迭代，直到分类比较合理或迭代稳定可终止计算。由于初始分类个数 K 事先给定，而且在迭代过程中不断计算类的均值（重心），故称这个聚类法为 K-均值聚类法。

三、实验内容

为了进一步了解全国各地农民家庭收支的分布情况，现从 1982 年调查的资料中抽取 28 个省区市的样品，每个样品抽取 6 项指标，这 6 项指标反映了平均每人生活消费的支出情况，原始数据如表 5.1 所示。

表5.1   28个省区市农民家庭收支

地区	食品	衣着	燃料	住房	生活用品及其他	文化生活服务支出
北京	190.330	43.770	9.730	60.540	49.010	9.040
天津	135.200	36.400	10.470	44.160	36.490	3.940
河北	95.210	22.830	9.300	22.440	22.810	2.800
山西	104.780	25.110	6.460	9.890	18.170	3.250
内蒙古	128.410	27.630	8.940	12.580	23.990	3.270
辽宁	145.680	32.830	17.790	27.290	39.090	3.470
吉林	159.370	33.380	18.370	11.810	25.290	5.220
黑龙江	116.220	29.570	13.240	13.760	21.750	6.040
上海	221.110	38.640	12.530	115.650	50.820	5.890
江苏	144.980	29.120	11.670	42.600	27.300	5.740
浙江	169.920	32.750	12.720	47.120	34.350	5.000
安徽	153.110	23.090	15.620	23.540	18.180	6.390
福建	144.920	21.260	16.960	19.520	21.750	6.730
江西	140.540	21.590	17.640	19.190	15.990	4.940
山东	115.840	30.760	12.200	33.610	33.770	3.850
河南	101.180	23.260	8.460	20.200	20.500	4.300
湖北	140.460	28.260	12.350	18.530	20.950	6.230
湖南	164.020	24.740	13.630	22.200	18.060	6.040
广东	182.550	20.520	18.320	42.400	36.970	11.680
广西	139.080	18.490	14.680	13.410	20.660	3.850
四川	137.800	20.560	11.070	17.740	16.490	4.390
贵州	121.670	21.530	12.580	14.490	12.180	4.570
云南	124.270	19.810	8.890	14.220	15.530	3.030
陕西	106.020	20.560	10.940	10.110	18.000	3.290
甘肃	95.650	16.820	5.700	6.030	12.360	4.490
青海	107.120	16.450	8.980	5.400	8.780	5.930
宁夏	113.740	24.110	6.460	9.610	22.920	2.530
新疆	123.240	38.000	13.720	4.640	17.770	5.750

资料来源：任雪松，于秀林．多元统计分析［M］．北京：中国统计出版社，2013.

四、实验过程

（1）在桌面建立"HCofQClustering"文件夹，当然此步骤也可以省略。

（2）建立数据文件"NongMingjiatingshouru. sav"，也可以自己命名数据名称。

（3）选择菜单"File"，打开已保存的数据"NongMingjiatingshouru. sav"。

（4）在菜单栏中依次选择"Analyze"、"Classify"、"K – Means Cluster"，并在"K – Means cluster analysis"中添加变量"食品、衣着……"到"Variables"，添加"地区"到"Label Cases by"；将分类数"Number of Cluster"指定为4；聚类方法"Method"默认为"Iterate and classify"。

（5）打开菜单"Options"，在"Statistics"下勾选"Cluster information for each case"。

（6）点击"OK"进行分析。

（7）在菜单栏选择"File"、"Save as"，选择保存位置桌面"HCofQClustering"，保存为"Output1_ K – Means_ Cluster. spv"。

（8）打印结果，输出为 pdf 文件（见图5.1和图5.2）。

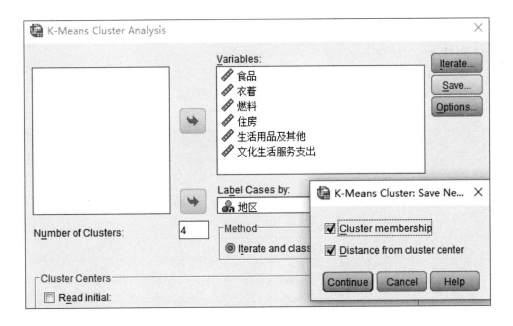

图5.1　K – 均值聚类

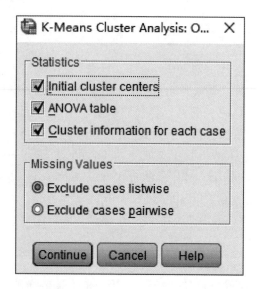

图 5.2 显示初始聚心、方差分析表和聚类结果

五、聚类结果分析

由表 5.2 可以得出最终聚类结果是:

表 5.2 聚类结果

Cluster Membership			
Case Number	地区	Cluster	Distance
1	北京	1	20.586
2	天津	4	28.643
3	河北	3	19.254
4	山西	3	8.698
5	内蒙古	3	17.688
6	辽宁	4	17.520
7	吉林	4	19.681
8	黑龙江	3	8.387
9	上海	2	0.000
10	江苏	4	19.755
11	浙江	1	13.288

续表

	Cluster Membership		
Case Number	地区	Cluster	Distance
12	安徽	4	9.737
13	福建	4	7.451
14	江西	4	11.815
15	山东	3	26.048
16	河南	3	12.677
17	湖北	4	8.543
18	湖南	4	19.107
19	广东	1	15.570
20	广西	4	14.958
21	四川	4	14.085
22	贵州	3	12.764
23	云南	3	13.824
24	陕西	3	7.963
25	甘肃	3	20.892
26	青海	3	16.198
27	宁夏	3	6.864
28	新疆	3	20.468

第 I 类

北京、浙江、广东

第 II 类

上海

第 III 类

河北、山西、内蒙古、黑龙江、山东、河南、贵州、云南、陕西、甘肃、青海、宁夏、新疆

第 IV 类

天津、辽宁、吉林、江苏、安徽、福建、江西、湖北、湖南、广西、四川

从分类结果上看：第 III 类地区农民生活的平均消费水平较低，第 IV 类属于中等消费水平，而第 I 类和第四类属于较高消费水平，基本与当时的实际情况相吻合。

六、输出结果分析

（1）初始聚心：北京、上海、甘肃、吉林；表 5.3 中的食品（190.33）、衣着（43.770）、燃料（9.73）、住房（60.54）、生活用品及其他（49.010）以及文化生活服务支出（9.040）是北京的 6 项指标值；同理，表 5.3 中 2、3、4 依次为上海、甘肃和吉林，SPSS 自动选取这 4 个地区为初始的聚心。也可以指定聚心。

表 5.3　K - 均值聚类初始聚心

	Cluster			
	1	2	3	4
食品	190.33	221.11	95.65	159.37
衣着	43.770	38.640	16.820	33.380
燃料	9.73	12.53	5.70	18.37
住房	60.54	115.65	6.03	11.81
生活用品及其他	49.010	50.820	12.360	25.290
文化生活服务支出	9.040	5.890	4.490	5.220

（2）迭代历史：共进行了三次迭代；表 5.4 显示第一次迭代结束后 1、2、3、4 类与初始聚心的距离分别是：20.586、0.000、19.649、20.249；第 2 次迭代结束后 1、2 类聚心已经稳定不变，3、4 类的聚心发生轻微变化；经过第 3 次迭代后 4 个类的聚心都稳定不变，说明类内元素已经稳定，K - 均值聚类结束。

表 5.4　K - 均值聚类的迭代历史过程[a]

Iteration	Change in Cluster Centers			
	1	2	3	4
1	20.586	0.000	19.649	20.249
2	0.000	0.000	1.474	1.799
3	0.000	0.000	0.000	0.000

注：a. Convergence achieved due to no or small change in cluster centers. The maximum absolute coordinate change for any center is.000. The current iteration is 3. The minimum distance between initial centers is 63.497.

（3）最终聚心：当迭代结束后，1、2、3、4 类的最终聚心如表 5.5 所示。

表5.5　K–均值聚类的最终聚心

Final Cluster Centers				
	Cluster			
	1	2	3	4
食品	180.93	221.11	111.80	145.92
衣着	32.347	38.640	24.342	26.338
燃料	13.59	12.53	9.68	14.57
住房	50.02	115.65	13.61	23.64
生活用品及其他	40.110	50.820	19.118	23.659
文化生活服务支出	8.573	5.890	4.085	5.176

（4）最终类中心与类中心之间的距离：表5.6显示了最终聚心之间的距离。最终聚类结束后，第1类和第2类中心的距离是78.001。第1类和第3类中心距离是81.520，第1类和第4类中心间距离是47.340，第2类和第3类之间的距离是153.563。第2类和第4类之间的距离是122.529。第3类和第4类的距离是36.260。

表5.6　最终聚心之间的距离

Distances between Final Cluster Centers				
Cluster	1	2	3	4
1		78.001	81.520	47.340
2	78.001		153.563	122.529
3	81.520	153.563		36.260
4	47.340	122.529	36.260	

（5）方差分析表：表5.7中方差分析结果显示在5%的显著性水平上，食品、衣着燃料、住房、生活用品及其他、文化生活服务支出这6个指标在类之间是有显著差异的，衣着在10%显著性水平上在类之间是有显著差异的。

表5.7　方差分析

	Cluster		Error		F	Sig.
	Mean Square	df	Mean Square	df		
食品	7330.768	3	104.728	24	69.998	0.000
衣着	103.595	3	44.289	24	2.339	0.099
燃料	49.944	3	8.649	24	5.774	0.004

续表

	Cluster		Error		F	Sig.
	Mean Square	df	Mean Square	df		
住房	3933.676	3	86.935	24	45.248	0.000
生活用品及其他	602.274	3	51.055	24	11.796	0.000
文化生活服务支出	16.745	3	2.219	24	7.547	0.001

注：The F tests should be used only for descriptive purposes because the clusters have been chosen to maximize the differences among cases in different clusters. The observed significance levels are not corrected for this and thus cannot be interpreted as tests of the hypothesis that the cluster means are equal.

七、数据进行标准化后

此处数据虽然量纲相同，但数据的数量级差异较大，因此对数据先做标准化变换，再用 K - 均值聚类法，方法步骤如下：

（1）在数据窗口的菜单处依次选择"Analyze"、"Descriptive statistics"、"Descriptives"。

（2）在打开的窗口将"食品、衣着……"勾选入"Variables"，并在窗口最下方勾选"Save standardize values as variables"。

（3）点击"OK"。

在点击"OK"之后发现数据窗口中生成了新变量，新变量名称是原始变量名称前面增加字母"Z"，代表标准化之后的变量，如"Z 食品"、"Z 衣着"等，这些带"Z"的新变量名称下的数据即是标准化后的结果。按照标准化之后的数据，重复 K - 均值法聚类的步骤，再聚类 1 次，可以将聚类结果和之前的聚类结果进行对比分析。

八、名词

（1）Number of Cluster：指定分类个数，即聚为几类，输入 4 则系统聚为 4 类。

（2）Iterate and Classify：系统默认选择的聚类方法，即选择初始聚心，然后在迭代过程中不断更换聚心，并把样品分到离聚心最近且以聚心为标志的类中。

（3）Classify Only：在迭代过程中始终使用初始聚心对样品分类，不更换聚心。

（4）Iterate：定义聚类次数。

（5）ANOVA Table：方差分析表，对每个聚类变量进行单变量的 F 检验，即以聚类结果为自变量，分析中所用的各变量为因变量的单因素方差分析。

（6）Missing Values：缺失值处理方法。

（7）Exclude Case Listwise：聚类分析时排除在分析变量上带有缺失值的样品。

（8）Exclude Cases Pairwise：聚类分析时排除在全部聚类分析变量上均有缺失值的样品，对于有部分缺失值的，根据其他的非缺失值计算距离并将其分配到类中。

九、指定聚心

可以在 SPSS 的 "Data View" 中指定初始聚心，但要注意第一个变量必须命名为：cluster_，在 "Cluster Centers" 中选择 "External data file"，将已建立好的初始聚心文件导入。

第六章 人文发展指数

——全模型费歇（Fisher）判别分析法

判别分析是在研究对象用某种方法已经分好若干类（组）的情况下，确定新样品属于已知类别中哪一类的多元统计分析方法。也就是说，在做判别分析之前已有"类"的划分，或事先已对某些已知样品分好了"类"，需要判断那些还未分类的样品究竟属于哪一类。用判别分析方法处理问题时，通常要给出一个衡量新样品与已知"类"接近程度的判别函数，同时也要设定一种判别规则用来判定新样品的归属，判别规则可以是统计性的，决定新样品所属类别时用数理统计的显著性检验；也可以是确定性的，决定样品所属类别时只考虑判别函数值的大小。判别分析的种类按判别的组数来划分，可以分为两组（两个总体）判别和多组（多个总体）判别；按区分不同总体所采用的数学模型来划分有线性判别和非线性判别；分类方法如图 6.1 所示。判别分析方法主要有距离判别法、Fisher 判别法、贝叶斯（Bayes）判别法、逐步判别法等。

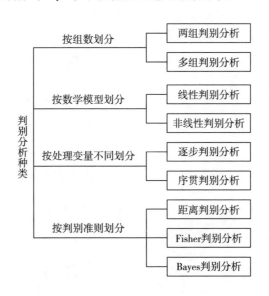

图 6.1 判别分析的种类

一、实验目的

（1）理解和掌握判别分析的基本思想，会用 SPSS 做全模型判别分析法（Enter Independents Together）：构造 Fisher 判别函数，对样品作出分类判断。

（2）理解 SPSS 的输出结果，学会结合实际问题分析实验结果，得出合理结论。

二、实验原理——Fisher 判别法

Fisher 判别法是 Fisher 在 1936 年提出来的。原理是将 k 组 p 维数据投影到某个方向，使得组与组之间尽可能分开（是否分开用方差分析评判）。从两个总体中抽取具有 p 个指标的样品观测数据，借助方差分析的思想或称判别式：

$$y = c_1 x_1 + c_2 x_2 + , \cdots, + c_p x_p \tag{6.1}$$

其中，系数 c_1，c_2，$\cdots$，c_p 确定的原则是使两组间的区别最大、使每个组内部的离差最小。有了判别式后，对于一个新样品，将其 p 个指标值代入判别式中求出 y 值，然后与 y_0 进行比较，就可以判别它应属于哪一个总体。

$$
\begin{bmatrix} c_1 \\ c_2 \\ \vdots \\ c_p \end{bmatrix} = \begin{bmatrix} s_{11} & s_{12} & \cdots & s_{1p} \\ s_{21} & s_{22} & \cdots & s_{2p} \\ \vdots & \vdots & & \vdots \\ s_{p1} & s_{p2} & \cdots & s_{pp} \end{bmatrix}^{-1} \begin{bmatrix} d_1 \\ d_2 \\ \vdots \\ d_p \end{bmatrix}
$$

其中，

$$s_{kl} = \sum_{i=1}^{n_1} \left(x_{ik}^{(1)} - \overline{x}_k^{(1)} \right) \left(x_{il}^{(1)} - \overline{x}_l^{(1)} \right) + \sum_{i=1}^{n_2} \left(x_{ik}^{(2)} - \overline{x}_k^{(2)} \right) \left(x_{il}^{(2)} - \overline{x}_l^{(2)} \right)$$

$$d_k = \overline{x}_k^{(1)} - \overline{x}_k^{(2)}$$

$$y_0 = \frac{n_1 \overline{y}^{(1)} + n_2 \overline{y}^{(2)}}{n_1 + n_2}$$

如果由原始数据求得 $\overline{y}^{(1)}$ 及 $\overline{y}^{(2)}$ 满足 $\overline{y}^{(1)} > \overline{y}^{(2)}$，则建立判别准则为：对一个新样品 $X = (x_1, \cdots, x_p)'$ 代入判别函数中，所得值记为 y，

若 $y > y_0$，则判定 $X \in G_1$；

若 $y < y_0$，则判定 $X \in G_2$。

三、实验内容

SPSS 中没有现成的距离判别法的操作菜单，可以应用 SPSS 的计算（Compute Variable）功能自行实现欧式距离判别法，依次选择"Transform"、"Compute Variable"即可。Fisher 判别函数系数在 SPSS 中称为典则判别函数系数（Canonical Discriminant Function Coefficients），在 SPSS 中有"标化的系数"和"未标化的系数"（Unstandardized）两种典则判别函数系数，标化的系数无常数项，未标化的系数带有常数项。图 6.5 中"Fisher's"选项下可以输出典则判别（Fisher）标化的系数和 Bayes 线性判别函数系数等结果。

下面给出两个实验：

（1）（实验 1）人文发展指数是联合国开发计划署于 1990 年 5 月发表的第一份《人类发展报告》中公布的。该报告建议，对人文发展的衡量应当以人生的三大要素为重点，分别是出生时的预期寿命、成人识字率、实际人均 GDP。

将以上 3 个指示指标的数值合成为一个复合指数，即为人文发展指数。从 1995 年世界各国人文发展指数的排序中选取高发展水平、中等发展水平的国家各 5 个作为两组样品，另选 4 个国家作为待判样品作距离判别分析（见表 6.1）。

表 6.1 人文发展指数

序号	国家名称	预期寿命	成人识字率	调整后人均 GDP	组别
1	美国	76	99	5374	1
2	日本	79.5	99	5359	1
3	瑞士	78	99	5372	1
4	阿根廷	72.1	95.9	5242	1
5	阿联酋	73.8	77.7	5370	1
6	保加利亚	71.2	93	4250	2
7	古巴	75.3	94.9	3412	2
8	巴拉圭	70	91.2	3390	2
9	格鲁吉亚	72.8	99	2300	2
10	南非	62.9	80.6	3799	2
11	中国	68.5	79.3	1950	待判
12	罗马尼亚	69.9	96.9	2840	待判
13	希腊	77.6	93.8	5233	待判
14	哥伦比亚	69.30	90.30	5158	待判

资料来源：UNDP《人类发展报告》。

（2）（实验 2）对全国 30 个省区市 1994 年影响各地区经济增长差异的制度变量作判别分析，如表 6.2 所示。

表6.2 30个省区市经济增长指标

序号	地区	X1	X2	X3	X4	分组
1	辽宁	11.2	57.25	13.47	73.41	1
2	河北	14.9	67.19	7.89	73.09	1
3	天津	14.3	64.74	19.41	72.33	1
4	北京	13.5	55.63	20.59	77.33	1
5	山东	16.2	75.51	11.06	72.08	1
6	上海	14.3	57.63	22.51	77.35	1
7	浙江	20.0	83.94	15.99	89.5	1
8	福建	21.8	68.03	39.42	71.9	1
9	广东	19.0	78.31	83.03	80.75	1
10	广西	16.0	57.11	12.57	60.91	1
11	海南	11.9	49.97	30.70	69.20	1
12	黑龙江	8.7	30.72	15.41	60.25	2
13	吉林	14.3	37.65	12.95	66.42	2
14	内蒙古	10.1	34.63	7.68	62.96	2
15	山西	9.1	56.33	10.3	66.01	2
16	河南	13.8	65.23	4.69	64.24	2
17	湖北	15.3	55.62	6.06	54.74	2
18	湖南	11.0	55.55	8.02	67.47	2
19	江西	18.0	62.85	6.40	58.83	2
20	甘肃	10.4	30.01	4.61	60.26	2
21	宁夏	8.2	29.28	6.11	50.71	2
22	四川	11.4	62.88	5.31	61.49	2
23	云南	11.6	28.57	9.08	68.47	2
24	贵州	8.4	30.23	6.03	55.55	2
25	青海	8.2	15.96	8.04	40.26	2
26	新疆	10.9	24.75	8.34	46.01	2
27	西藏	15.6	21.44	28.62	46.01	2
28		16.50	80.05	8.81	73.04	16.50	待判
29		20.60	81.24	5.37	60.43	20.60	待判
30		8.60	42.06	8.88	56.37	8.60	待判

注：X1 为经济增长率；X2 为非国有化水平；X3 为开放度；X4 为市场化程度。

四、实验过程

以第一个实验的操作为例，第二个实验可以按照与实验 1 相同的操作步骤开展实验。

（1）建立数据，如图 6.2 所示。

序号	国家名	预期寿命	成人识字率	人均GDP	类别
1	美国	76.00	99.00	5374.00	1
2	日本	79.50	99.00	5359.00	1
3	瑞士	78.00	99.00	5372.00	1
4	阿根廷	72.10	95.90	5242.00	1
5	阿联酋	73.80	77.70	5370.00	1
6	保加利亚	71.20	93.00	4250.00	2
7	古巴	75.30	94.90	3412.00	2
8	巴拉圭	70.00	91.20	3390.00	2
9	格鲁吉亚	72.80	99.00	2300.00	2
10	南非	62.90	80.60	3799.00	2
11	中国	68.50	79.30	1950.00	.
12	罗马尼亚	69.90	96.90	2840.00	.
13	希腊	77.60	93.80	5233.00	.
14	哥伦比亚	69.30	90.30	5158.00	.

图 6.2　实验 1 建立 SPSS 数据

（2）在菜单栏中依次选择"Analyze"、"Classify"、"Discriminant"，在"Discriminant Analysis"中将变量"类别"选入"Grouping Variable"栏，然后点击"Define Range"，在新对话框中"Minimum"处输入 1，"Minimum"处输入 2，点击"Continue"返回（见图 6.3）。

（3）将"出生时的预期寿命"、"成人识字率"和"人均 GDP"选入"Independent"栏中。

（4）使用默认的全模型法"Enter independents together"进行判别分析（见图 6.4）。

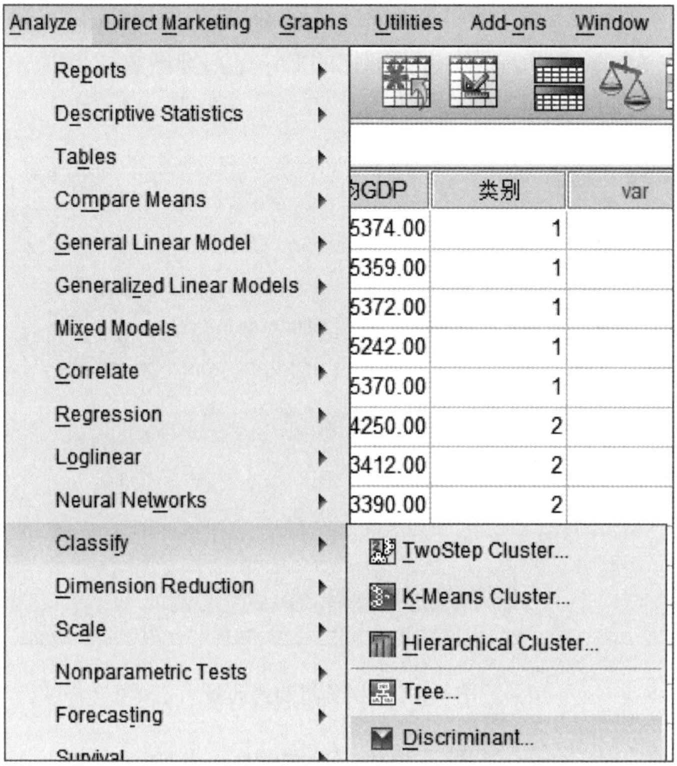

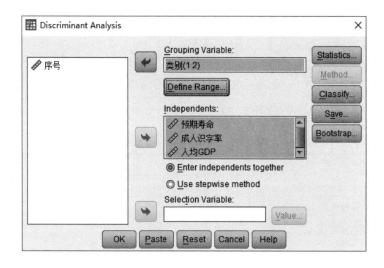

图 6.3　判别分析菜单（**Discriminant**）

图 6.4　判别分析

（5）点击"Statistics"除"Fisher's"外全部勾选，点击"Continue"返回（此处若选择"Fisher's"，则输出标准化的 Fisher 判别函数结果以及下一章 Bayes 判别法的相应结果）（见图 6.5）。

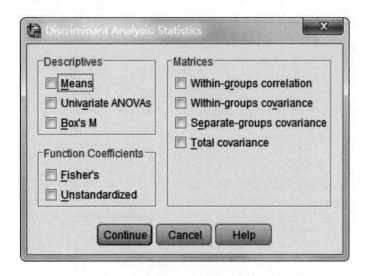

图 6.5　判别分析的统计量

（6）点击"Classify"，全选，点击"Continue"返回。

（7）点击"Save"，全选，点击"Continue"返回。

（8）点击"OK"提交系统执行，在输出窗口中显示结果清单。

五、结果分析

1. 实验 1

根据输出结果表 6.3 可以写出实验 1 的判别函数为：

$$y = 0.144466\,x_1 + 0.002956\,x_2 + 0.001940\,x_3 - 19.353873$$

表 6.3　典则判别函数系数

	Function
	1
预期寿命	0.144466
成人识字率	0.002956
人均 GDP	0.001940
（Constant）	−19.353873

注：Unstandardized coefficients.

如表6.4所示，计算$d_1 = |y_1 - 2.252|$（第一类）和$d_2 = |y_1 - (-2.252)|$（第二类），哪一个小就归到哪一类（见表6.5）。d_1和d_2的计算结果列在表6.5中。

表6.4　判别函数值中心

类别	Function
	1
1	2.252
2	−2.252

注：Unstandardized canonical discriminant functions evaluated at group means.

表6.5　判别分析结果

序号	国家	初始分类	判别归类	判别函数 y 值	d_1	d_2	后验概率 p_1	后验概率 p_2
1	美国	1	1	2.34332	0.09	4.6	0.99997	0.00003
2	日本	1	1	2.81985	0.57	5.07	1	0
3	瑞士	1	1	2.62837	0.38	4.88	0.99999	0.00001
4	阿根廷	1	1	1.51467	0.74	3.77	0.99891	0.00109
5	阿联酋	1	1	1.95477	0.3	4.21	0.99985	0.00015
6	保加利亚	2	2	−0.54833	2.8	1.7	0.078	0.922
7	古巴	2	2	−0.57606	3.83	0.68	0.00083	0.99917
8	巴拉圭	2	2	−0.39534	4.65	0.14	0.00002	0.99998
9	格鲁吉亚	2	2	−4.0823	6.33	1.83	0	1
10	南非	2	2	−0.65895	4.91	0.41	0.00001	0.99999
11	中国	待判	2	−0.44071	7.69	3.19	2.27E−11	1
12	罗马尼亚	待判	2	−3.4599	5.71	1.21	0	1
13	希腊	待判	1	2.28556	0.03	4.54	0.99997	0.00003
14	哥伦比亚	待判	1	0.93066	1.32	3.18	0.98511	0.01489

表6.5中第5列"判别函数 y 值"是只有选择了图6.6中的"Discriminant Scores"选项后，SPSS才以新变量形式保存Fisher判别函数值，即SPSS根据未标化的典则判别函数系数计算得出的判别函数值。例如，将美国的3项原始指标值分别代入 $y = 0.144466X1 + 0.002956X2 + 0.001940X3 - 19.353873$，即可得到表6.5中美国对应的判别函数 y 值（2.34332），即 $2.34332 = 0.144466 \times 76 + 0.002956 \times 99 + 0.001940 \times 5374 - 19.353873$[①]。

---

① 在忽略由于保留小数位数的不同造成的计算误差因素时是完全一致的。

如果在图 6.6 中勾选"Probabilities of group membership",则在数据窗口 (Data View) 中会自动保存表 6.5 的最后两列后验概率值p_1和p_2,这两列概率值是下一章中的 Bayes 判别法中的后验概率值,即样品分别归属于第一类和第二类的两个后验概率,这两个后验概率和为 1。这是下一章的内容,在本章输出是为了和 Fisher 判别法做对比分析,仅供参考。

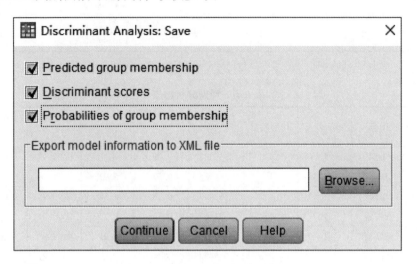

图 6.6 保存新变量的 3 个选项

2. 实验 2

表 6.6 为实验 2 的数据。

表 6.6 实验 2 建立的 SPSS 数据

序号	地区	X1	X2	X3	X4	类别
1	辽宁	11.20	57.25	13.47	73.41	1
2	河北	14.90	67.19	7.89	73.09	1
3	天津	14.30	64.74	19.41	72.33	1
4	北京	13.50	55.63	20.59	77.33	1
5	山东	16.20	75.51	11.06	72.08	1
6	上海	14.30	57.63	22.51	77.35	1
7	浙江	20.00	83.94	15.99	89.50	1
8	福建	21.80	68.03	39.42	71.90	1
9	广东	19.00	78.31	83.03	80.75	1
10	广西	16.00	57.11	12.57	60.91	1
11	海南	11.90	49.97	30.70	69.20	1
12	黑龙江	8.70	30.72	15.41	60.25	2

续表

序号	地区	X1	X2	X3	X4	类别
13	吉林	14.30	37.65	12.95	66.42	2
14	内蒙古	10.10	34.63	7.68	62.96	2
15	山西	9.10	56.33	10.30	66.01	2
16	河南	13.80	65.23	4.69	64.24	2
17	湖北	15.30	55.62	6.06	54.74	2
18	湖南	11.00	55.55	8.02	67.47	2
19	江西	18.00	62.85	6.40	58.83	2
20	甘肃	10.40	30.01	4.61	60.26	2
21	宁夏	8.20	29.28	6.11	50.71	2
22	四川	11.40	62.88	5.31	61.49	2
23	云南	11.60	28.57	9.08	68.47	2
24	贵州	8.40	30.23	6.03	55.55	2
25	青海	8.20	15.96	8.04	40.26	2
26	新疆	10.90	24.75	8.34	46.01	2
27	西藏	15.60	21.44	28.62	46.01	2

实验 2 的主要操作界面如图 6.7 所示。

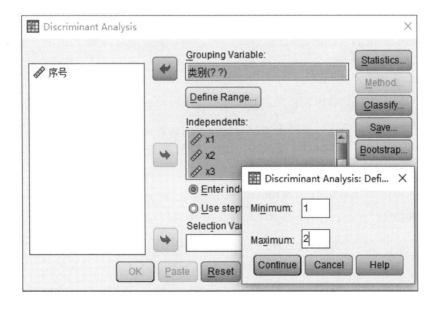

图 6.7　类别用 1 和 2 区分

由输出结果表6.7可知实验2的 Fisher 判别函数为：

表6.7　实验2的典则判别函数系数

	Function
	1
X1	0.060
X2	0.017
X3	0.025
X4	0.081
（Constant）	-7.262

注：Unstandardized coefficients.

$$y = 0.06\ X1 + 0.017\ X2 + 0.025\ X3 + 0.081\ X4 - 7.262$$

由表6.8可知，计算 $d_1 = |y_1 - 1.411|$（第一类）和 $d_2 = |y_1 - (-0.970)|$（第二类），哪一个小就归到哪一类，计算结果如表6.9所示。

表6.8　实验2的判别函数值中心

类别	Function
	1
1	1.411
2	-0.970

注：Unstandardized canonical discriminant functions evaluated at group means.

（1）原理为：若 $|y(x) - \overline{y}^{(i)}| = \min_{1 \leqslant j \leqslant k} |y(x) - \overline{y}^{(j)}|$，则 $x \in G_i$。

（2）Fisher 判别法所构造的判别函数：$y = c_1 x_1 + c_2 x_2 + \cdots + c_p x_p$，其形式来自距离判别法的 $W(X) = (X - \overline{\mu})' \Sigma^{-1} (\mu^{(1)} - \mu^{(2)})$，此处：

①若直接展开，即不进行标准化，则会有常数项。

②若记 $\tilde{X} = (X - \overline{\mu})' \Sigma^{-1}$，它是 X 的标准化，则展开式中不含有常数项。

表6.9中最后两列的中后验概率是 SPSS 采用 Bayes 判别法输出的分别属于第一类和第二类的后验概率，在本章输出是为了和 Fisher 判别法做对比分析，仅供参考。

表6.9　判别分析结果

序号	省份	已知分组	判别分组	判别函数 y 值	$d_1 = $ $\|y - 1.411\|$	$d_2 = $ $\|y - (-0.96)\|$	后验概率 p_1	后验概率 p_2
1	辽宁	1	1	0.63660	0.77	1.60	0.72927	0.27073
2	河北	1	1	0.85792	0.55	1.82	0.82025	0.17975

续表

序号	省份	已知分组	判别分组	判别函数 y 值	$d_1 = \lvert y - 1.411 \rvert$	$d_2 = \lvert y - (-0.96) \rvert$	后验概率 p_1	后验概率 p_2
3	天津	1	1	1.01130	0.40	1.97	0.86799	0.13201
4	北京	1	1	1.24543	0.17	2.21	0.91989	0.08011
5	山东	1	1	1.07331	0.34	2.03	0.88401	0.11599
6	上海	1	1	1.37718	0.03	2.34	0.94017	0.05983
7	浙江	1	1	2.97482	1.56	3.93	0.99859	0.00141
8	福建	1	1	1.99050	0.58	2.95	0.98545	0.01455
9	广东	1	1	3.81158	2.40	4.77	0.99981	0.00019
10	广西	1	2	−0.10867	1.52	0.85	0.31347	0.68653
11	海南	1	1	0.65403	0.76	1.61	0.73739	0.26261
12	黑龙江	2	2	−0.96916	2.38	0.01	0.05555	0.94445
13	吉林	2	2	−0.07991	1.49	0.88	0.32839	0.67161
14	内蒙古	2	2	−0.79651	2.21	0.16	0.08151	0.91849
15	山西	2	2	−0.18349	1.59	0.78	0.27645	0.72355
16	河南	2	2	−0.03700	1.45	0.92	0.35131	0.64869
17	湖北	2	2	−0.83895	2.25	0.12	0.07425	0.92575
18	湖南	2	2	−0.02158	1.43	0.94	0.35973	0.64027
19	江西	2	2	−0.21685	1.63	0.74	0.26084	0.73916
20	甘肃	2	2	−1.15103	2.56	0.19	0.03674	0.96326
21	宁夏	2	2	−2.02944	3.44	1.07	0.00469	0.99531
22	四川	2	2	−0.42734	1.84	0.53	0.17612	0.82388
23	云南	2	2	−0.32613	1.74	0.63	0.21386	0.78614
24	贵州	2	2	−1.61261	3.02	0.65	0.01255	0.98745
25	青海	2	2	−3.04613	4.46	2.09	0.00042	0.99958
26	新疆	2	2	−2.26501	3.68	1.31	0.00268	0.99732
27	西藏	2	2	−1.52288	2.93	0.56	0.01549	0.98451
28	江苏	待判	1	1.18745	0.22	2.15	0.90911	0.09089
29	安徽	待判	1	0.34884	1.06	1.31	0.57582	0.42418
30	陕西	待判	2	−1.26553	2.68	0.31	0.02822	0.97178

六、名词

（1）Enter Independent Together：全模型方法，区别于逐步判别分析法（Use Stepwise Method），全模型方法是将用户指定的全部变量作为判别函数的自变量，而不管该变量是否对研究对象显著或对判别函数的贡献大小。而逐步判别分析法是要对选入的变量进行筛选，剔除对判别分析没有贡献或者贡献较小的变量。

（2）Use Stepwise Method：逐步判别分析法。

（3）Fisher's：该选项可以输出 Fisher 判别（典则判别）和 Bayes 线性判别对应的结果。

（4）Unstandardized：未标准化处理的典则判别（Fisher 判别）函数系数，判别函数有常数项。

第七章　人文发展指数

——全模型贝叶斯（Bayes）判别分析法

一、实验目的

（1）学会使用 SPSS 做全模型判别分析，构造 Bayes 判别函数，对样品的归类作出正确的判断。

（2）学会理解和分析实验结果，并可以根据实验结果分析出正确的结论。

二、实验原理——Bayes 判别法

设有 k 个总体 G_1，G_2，$\cdots$，G_k，分别为 q_1，q_2，$\cdots$，q_k，可以由经验给出也可以估出，可以是等概率的，也可以根据类中样品个数给出先验概率，如 $q_1 = \dfrac{n_1}{\sum n_i}$，$q_2 = \dfrac{n_2}{\sum n_i}$，$\cdots$，$q_k = \dfrac{n_k}{\sum n_i}$。

各总体的密度函数分别为：$f_1(x)$，$f_2(x)$，$\cdots$，$f_k(x)$（在离散情形是概率函数）。

在观测到一个样品 x 的情况下，可用 Bayes 公式计算它来自第 g 总体的：

$$P(g/x) = \frac{q_g f_g(x)}{\sum\limits_{i=1}^{k} q_i f_i(x)}, \quad g = 1, \cdots, k$$

并且当 $P(h/x) = \max\limits_{1 \leqslant g \leqslant k} P(g/x)$ 时，则判别 x 来自第 h 总体。如果进一步假定 k 个总体协方差阵相同，即

$$\sum{}^{(1)} = \sum{}^{(2)} = \cdots = \sum{}^{(k)} = \sum$$

这时，$Z(g/x)$ 中 $\ln\left|\sum{}^{(g)}\right|$ 和 $\dfrac{1}{2}x'\sum{}^{(g)-1}x$ 两项与 g 无关，求最大值时可以去掉，最终得到如下形式的判别函数与判别准则：

$$\begin{cases} y(g/x) = \ln q_g - \dfrac{1}{2}\mu^{(g)'}\sum{}^{-1}\mu^{(g)} + x'\sum{}^{-1}\mu^{(g)} \\ y(g/x) \xrightarrow{g} \max \end{cases}$$

后验概率 $P(g/x)$：

$$P(g/x) = \frac{\exp\{y(g/x)\}}{\sum_{i=1}^{k} \exp\{y(i/x)\}} \qquad (7.1)$$

三、实验内容

两个实验分别如下：

（1）（实验1）人文发展指数是联合国开发计划署于 1990 年 5 月发表的第一份《人类发展报告》中公布的。该报告建议，对人文发展的衡量应当以人生的三大要素为重点，分别是出生时的预期寿命、成人识字率、实际人均 GDP。将以上 3 个指示指标的数值合成为一个复合指数，即为人文发展指数，今从 1995 年世界各国人文发展指数的排序中选取高发展水平、中等发展水平的国家各 5 个作为两组样品，另选 4 个国家作为待判样品，数据见表 6.1，请作 Bayes 判别分析。

（2）（实验2）对全国 30 个省区市 1994 年影响各地区经济增长差异的制度变量，数据见表 6.2，请作 Bayes 判别分析。

四、实验过程

以第一个实验的操作为例，第二个实验可以参考第一个实验的操作步骤。

（1）建立数据。

（2）在菜单栏中依次选择"Analyze"、"Classify"、"Discriminant"，在"Discriminant Analysis"中将变量"类别"选入"Grouping Variable"栏，然后点击"Define Range"，在新对话框中"Minimum"处输入 1，"Minimum"处输入 2，点击"Continue"返回。

（3）将"出生时预期寿命"、"成人识率"和"人均 GDP"选入"Independent"栏中。

（4）使用默认的全模型法"Enter independent together"，进行判别分析（见图 7.1）。

（5）点击"Statistics"，除"Unstandardized"外全部勾选，点击"Continue"返回（仅此处与上一章的操作不同）（见图 7.2）。

（6）点击"Classify"，全选，点击"Continue"返回。

（7）点击"Save"，全选，点击"Continue"返回。

（8）点击"OK"提交系统执行，在输出窗口中显示结果清单。

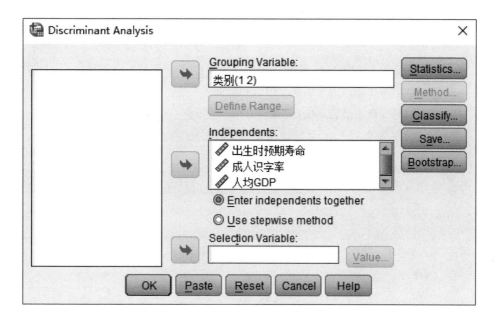

图 7.1 判别分析对话框

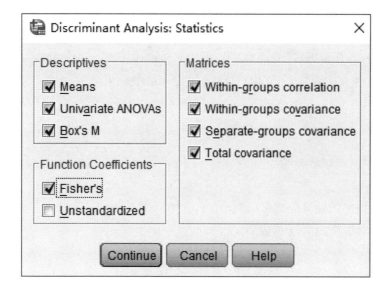

图 7.2 判别分析统计量

五、结果分析

（1）根据表7.1的输出结果可以写出实验1的 Bayes 判别函数为：

$y_1 = 5.791X1 + 0.265X2 + 0.034X3 - 323.909$

$y_2 = 5.140X1 + 0.252X2 + 0.025X3 - 236.731$

表 7.1 判别函数系数

	类别	
	1	2
预期寿命	5.791	5.140
成人识字率	0.265	0.252
人均 GDP	0.034	0.025
（Constant）	-323.909	-236.731

注：Fisher's linear discriminant functions.

将待判样品的原始数据（此处数据不需要标准化）代入判别函数中，分别计算 y_1（第一类）和 y_2（第二类）。若 $y_1 > y_2$，则将待判样品归为第一类；若 $y_2 > y_1$，则将待判样品归为第二类。例如，中国的数据代入到 $y_1 = 5.791X1 + 0.265X2 + 0.034X3 - 323.909$ 和 $y_2 = 5.140X1 + 0.252X2 + 0.025X3 - 236.731$，发现 $y_2 > y_1$，故中国属于第二类。计算原理是两个后验概率的公式为：

$$p_1 = \frac{e^{y_1}}{e^{y_1} + e^{y_2}}$$

$$p_2 = \frac{e^{y_2}}{e^{y_1} + e^{y_2}}$$

从后验概率的计算公式可以看出，y_1（第一类）和 y_2（第二类）相比较，函数值越大后验概率越大（见表7.2）。

表 7.2 判别分析归类结果

序号	国家	初始分类	判别归类	后验概率 p_1	后验概率 p_2
1	美国	1	1	0.99997	0.00003
2	日本	1	1	1	0
3	瑞士	1	1	0.99999	0.00001

序号	国家	初始分类	判别归类	后验概率 p_1	后验概率 p_2
4	阿根廷	1	1	0.99891	0.00109
5	阿联酋	1	1	0.99985	0.00015
6	保加利亚	2	2	0.078	0.922
7	古巴	2	2	0.00083	0.99917
8	巴拉圭	2	2	0.00002	0.99998
9	格鲁吉亚	2	2	0	1
10	南非	2	2	0.00001	0.99999
11	中国	待判	2	2.27E−11	1
12	罗马尼亚	待判	2	0	1
13	希腊	待判	1	0.99997	0.00003
14	哥伦比亚	待判	1	0.98511	0.01489

资料来源：任雪松，于秀林. 多元统计分析［M］. 北京：中国统计出版社，2013.

（2）根据表7.3的输出结果可以写出实验2的判别函数为：

$$y_1 = 1.812 X1 - 0.337 X2 - 0.058 X3 + 1.380 X4 - 54.565$$
$$y_2 = 1.668 X1 - 0.377 X2 - 0.119 X3 + 1.188 X4 - 36.745$$

表7.3　判别函数系数

	类别	
	1	2
X1	1.812	1.668
X2	−0.337	−0.377
X3	−0.058	−0.119
X4	1.380	1.188
（Constant）	−54.565	−36.745

注：Fisher's linear discriminant functions.

表7.4中的信息在前面章节中都有分析，可以参考前面章节的内容。

表 7.4　判别分析结果

序号	省份	已知分组	判别分组	后验概率 p_1	后验概率 p_2
1	辽宁	1	1	0.72927	0.27073
2	河北	1	1	0.82025	0.17975
3	天津	1	1	0.86799	0.13201
4	北京	1	1	0.91989	0.08011
5	山东	1	1	0.88401	0.11599
6	上海	1	1	0.94017	0.05983
7	浙江	1	1	0.99859	0.00141
8	福建	1	1	0.98545	0.01455
9	广东	1	1	0.99981	0.00019
10	广西	1	2	0.31347	0.68653
11	海南	1	1	0.73739	0.26261
12	黑龙江	2	2	0.05555	0.94445
13	吉林	2	2	0.32839	0.67161
14	内蒙古	2	2	0.08151	0.91849
15	山西	2	2	0.27645	0.72355
16	河南	2	2	0.35131	0.64869
17	湖北	2	2	0.07425	0.92575
18	湖南	2	2	0.35973	0.64027
19	江西	2	2	0.26084	0.73916
20	甘肃	2	2	0.03674	0.96326
21	宁夏	2	2	0.00469	0.99531
22	四川	2	2	0.17612	0.82388
23	云南	2	2	0.21386	0.78614
24	贵州	2	2	0.01255	0.98745
25	青海	2	2	0.00042	0.99958
26	新疆	2	2	0.00268	0.99732
27	西藏	2	2	0.01549	0.98451
28	江苏	待判	1	0.90911	0.09089
29	安徽	待判	1	0.57582	0.42418
30	陕西	待判	2	0.02822	0.97178

第八章 跑车级别评价

——多总体 Fisher 判别分析法

一、实验目的

（1）学会使用 SPSS 软件实现多总体 Fisher 判别分析，即总体不止是两个的情况，尝试构造 Fisher 判别函数，对待判样品作出分类判断。

（2）学会区分 Fisher 判别分析和 Bayes 判别分析的实验结果，并结合实际情况得出合理结论。

二、实验原理

设有 k 个总体 G_1，…，G_k，抽取样品数分别为 n_1，…，n_k。令 $n = n_1 + \cdots + n_k$，$x_\alpha^{(i)} = (x_{\alpha 1}^{(i)}, \cdots, x_{\alpha p}^{(i)})$ 为第 i 个总体的第 α 个样品的观测向量。

待定判别函数为：

$$y(x) = c_1 x_1 + \cdots + c_p x_p \triangleq c'x \tag{8.1}$$

其中，

$$c = (c_1, \cdots, c_p)', \quad x = (x_1, \cdots, x_p)'$$

记 $\overline{x}^{(i)}$ 和 $s^{(i)}$ 分别为总体 G_i 内 X 的样本均值向量和样本协方差阵，则 $y(x) = c'x$ 在 G_i 上的样本均值和样本方差为：

$$\overline{y}^{(i)} = c'\overline{x}^{(i)}, \quad \sigma_i^2 = c's^{(i)}c$$

记 $\overline{x}$ 为总的均值向量，则 $\overline{y} = c'\overline{x}$。

Fisher 判别准则：选取系数向量 c，使得：

$$\lambda = \frac{\displaystyle\sum_{i=1}^{k} n_i (\overline{y}^{(i)} - \overline{y})'(\overline{y}^{(i)} - \overline{y})}{\displaystyle\sum_{i=1}^{k} q_i \cdot \sigma_i^2} \tag{8.2}$$

达到最大，其中，q_i 是认为的正加权系数（可取先验概率）。取 $q_i = n_i - 1$，并将 $\overline{y}^{(i)} = c'\overline{x}^{(i)}$、$\sigma_i^2 = c's^{(i)}c$、$\overline{y} = c'\overline{x}$ 代入式（8.2），可化为：

$$\lambda = \frac{c'Ac}{c'Ec}$$

其中，

E：组内离差阵：

$$E = \sum_{i=1}^{k} q_i s^{(i)}$$

A：总体之间样本协差阵：

$$A = \sum_{i=1}^{k} n_i (\overline{x^{(i)}} - \overline{x})(\overline{x^{(i)}} - \overline{x})'$$

令 $\frac{\partial \lambda}{\partial c} = 0$，由向量求导公式，得：

$$\frac{\partial \lambda}{\partial c} = \frac{2Ac}{(c'Ec)^2} \cdot (c'Ec) - \frac{2Ec}{(c'Ec)^2} \cdot (c'Ac)$$

$$= \frac{2Ac}{c'Ec} - \frac{2Ec}{c'Ec} \cdot \frac{c'Ac}{c'Ec}$$

$$= \frac{2Ac}{c'Ec} - \frac{2Ec}{c'Ec} \cdot \lambda$$

因此，$\frac{\partial \lambda}{\partial c} = 0$，即

$$\frac{2Ac}{c'Ec} - \frac{2Ec}{c'Ec} \cdot \lambda = 0 \Rightarrow Ac = \lambda Ec$$

一般要求加权协差阵 E 是正定阵，故 $(E^{-1}A) c = \lambda c$。由代数知识有矩阵 $(E^{-1}A)$ 的非零特征根个数 $m \leqslant \min (k-1, p)$，非零特征根必定为正根，记为：

$$\lambda_1 \geqslant \cdots \geqslant \lambda_m > 0$$

构造 m 个判别函数：

$$y_l(x) = c^{(l)'}x \quad l = 1, \cdots, m$$

其中，$c^{(l)}$ 为矩阵 $E^{-1}A$ 的特征根 λ_l 对应的特征向量。定义判别能力：

每个判别函数：

$$p_l = \frac{\lambda_l}{\sum_{i=1}^{m} \lambda_i} \quad l = 1, \cdots, m$$

前 m_0 个判别函数：

$$sp_{m_0} = \sum_{i=1}^{m_0} pl = \frac{\sum_{i=1}^{m_0} \lambda_i}{\sum_{i=1}^{m} \lambda_i} \tag{8.3}$$

如果m_0为首次使式（8.3）超过85%的值，则一般认为m_0个判别函数就够了，这个标准需要具体情况具体分析。

当$m_0 = 1$时，即只取1个判别函数。若$|y(x) - \overline{y}^{(i)}| = \min_{1 \leqslant j \leqslant k}|y(x) - \overline{y}^{(j)}|$，则判$x \in G_i$。

当$m_0 > 1$时，记$\overline{y}_l^{(i)} = c^{(l)'}\overline{x}^{(i)}$，$l = 1$，$\cdots$，$m_0$，$i = 1$，$\cdots$，$k$。对待判定样品$x = (x_1, \cdots, x_p)'$，计算$y_l(x) = c^{(l)'}x$，以及

$$D_i^2 = \sum_{l=1}^{m_0}[y_l(x) - \overline{y}_l^{(i)}]^2, \quad i = 1, \cdots, k \tag{8.4}$$

若$D_r^2 = \min_{1 \leqslant i \leqslant k}D_i^2$，则判$x \in G_r$。

三、实验内容

图8.1中的数据为某国际跑车展示中评审裁判对新车级别进行划分的数据，

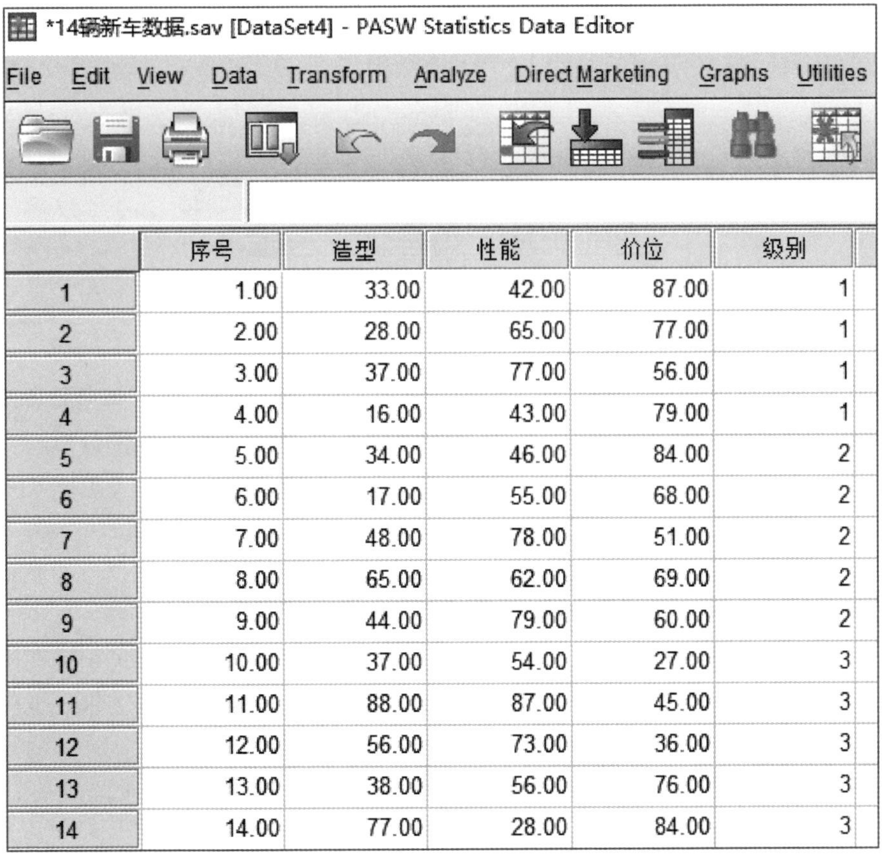

	序号	造型	性能	价位	级别
1	1.00	33.00	42.00	87.00	1
2	2.00	28.00	65.00	77.00	1
3	3.00	37.00	77.00	56.00	1
4	4.00	16.00	43.00	79.00	1
5	5.00	34.00	46.00	84.00	2
6	6.00	17.00	55.00	68.00	2
7	7.00	48.00	78.00	51.00	2
8	8.00	65.00	62.00	69.00	2
9	9.00	44.00	79.00	60.00	2
10	10.00	37.00	54.00	27.00	3
11	11.00	88.00	87.00	45.00	3
12	12.00	56.00	73.00	36.00	3
13	13.00	38.00	56.00	76.00	3
14	14.00	77.00	28.00	84.00	3

14辆新车数据.sav [DataSet4] - PASW Statistics Data Editor

File Edit View Data Transform Analyze Direct Marketing Graphs Utilities

图8.1 建立新车级别的数据

该数据选取的指标包括了跑车造型、性能、价位三个因素①，而评审裁判就是依据这3个指标将14辆新车予以区分的，划分等级包括了高（第一类）、中（第二类）、低（第三类）3个级别，每个级别中包含的样品个数分别为4个、5个和5个共14个样品。试建立判别函数以方便以后对新的样品作出正确的判断归类。

四、实验过程

（1）建立数据。

（2）依次选择菜单及子菜单"Analyze"、"Classify"、"Discriminant"，在"Discriminant Analysis"中将变量"级别"选入"Grouping Variable"栏，然后点击"Define Range"，在新对话框中"Minimum"处输入1、"Maximum"处输入3，点击"Continue"返回（见图8.2）。

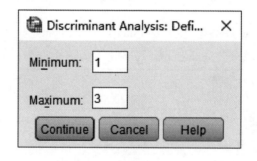

图8.2　类别选项子对话框

（3）将"造型"、"性能"和"价位"选入"Independent"栏中（见图8.3）。

（4）使用默认的全模型法"Enter independent together"进行判别分析。

（5）点击"Statistics"，勾选全部选项，点击"Continue"返回（见图8.4）。

（6）点击"Classify"，全选，点击"Continue"返回（见图8.5）。

（7）点击"Save"，全选，点击"Continue"返回。

（8）点击"OK"提交系统执行，在输出窗口中显示结果清单。

特别说明：在第5步中如果不勾选"Fisher's"则不能输出Bayes判别函数式，只是输出非标准化的Fisher判别（典则判别）为主的函数式等结果。也就是说，在SPSS中"Fisher's"下既包含标准化的Fisher判别（典则判别）功能又包含Bayes判别功能，这是很多读者容易误会的地方。故再次强调想要输出

---

① 张立军，任英华. 多元统计分析实验［M］. 北京：中国统计出版社，2009.

Bayes 判别式的复选框是"Fisher's",因为按照判别函数值最大的一组进行归类的思想是 Fisher 提出的,所以 SPSS 如此命名,这种命名方式和一般的教材命名不同,读者需要特别小心。

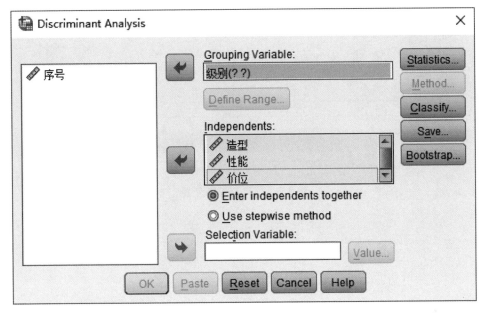

图 8.3 判别分析主对话框

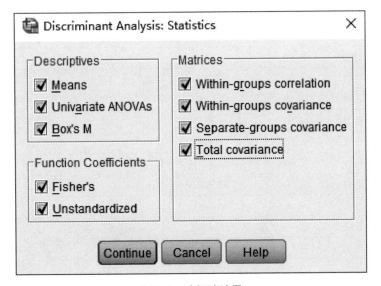

图 8.4 选择统计量

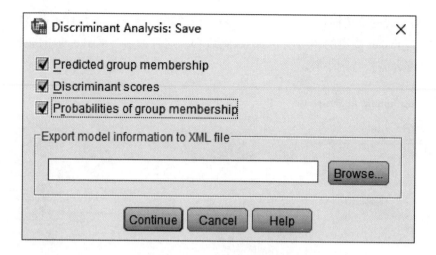

图 8.5　保存新变量选项

五、结果分析

（1）均值和标准差，如表 8.1 所示。

表 8.1　基本描述统计量

级别		Mean	Std. Deviation	Valid N（listwise）	
				Unweighted	Weighted
1	造型	29.60	8.264	5	5.000
	性能	54.60	15.630	5	5.000
	价位	76.60	12.178	5	5.000
2	造型	43.50	19.875	4	4.000
	性能	68.50	11.902	4	4.000
	价位	62.00	8.367	4	4.000
3	造型	59.20	22.906	5	5.000
	性能	59.60	22.210	5	5.000
	价位	53.60	25.086	5	5.000
Total	造型	44.14	21.031	14	14.000
	性能	60.36	17.118	14	14.000
	价位	64.21	18.954	14	14.000

（2）单变量组间均值是否相等的检验。

由表8.2可知，本例中各指标的均值的差异均不显著（$p > 0.05$），即在0.05的显著性水平上3个总体的均值之间不存在显著差异，这预示判别分析的效果可能会不太理想，但可以作为一个演示例子继续分析。

表8.2 均值检验

	Wilks' Lambda	F	df1	df2	Sig.
造型	0.619	3.390	2	11	0.071
性能	0.886	0.707	2	11	0.514
价位	0.711	2.236	2	11	0.153

（3）各组协方差阵和总协方差阵，如表8.3所示。

表8.3 协方差矩阵

级别		造型	性能	价位
1	造型	68.300	56.550	−29.450
	性能	56.550	244.300	−169.950
	价位	−29.450	−169.950	148.300
2	造型	395.000	88.667	−19.667
	性能	88.667	141.667	−84.000
	价位	−19.667	−84.000	70.000
3	造型	524.700	96.100	116.350
	性能	96.100	493.300	−340.950
	价位	116.350	−340.950	629.300
Total	造型	442.286	93.637	−108.110
	性能	93.637	293.016	−206.467
	价位	−108.110	−206.467	359.258

注：a. The total covariance matrix has 13 degrees of freedom.

（4）特征值：表8.4显示第一个最大的特征值的判别能力已超过85%，虽然有两个判别函数，我们也可以仅选择其中的第一个。

（5）函数的显著性检验：表8.5显示在0.05的显著性水平上可以判断两个典则函数y_1和y_2都不显著，但第一个典则函数y_1在0.10的显著性水平上是显著的。

表 8.4　特征根^a

Function	Eigenvalue	% of Variance	Cumulative %	Canonical Correlation
1	1. 884^a	93. 7	93. 7	0. 808
2	0. 126^a	6. 3	100. 0	0. 334

注: a. First 2 canonical discriminant functions were used in the analysis.

表 8.5　判别函数的显著性检验

Test of Function（s）	Wilks' Lambda	Chi – square	df	Sig.
1 through 2	0. 308	11. 776	6	0. 067
2	0. 888	1. 185	2	0. 553

（6）标准化的典则判别函数系数：如果样本的变量值是标准化值（Z 分数），则可以直接代入表 8.6 中的函数来计算其判别得分，注意标准化的典则判别函数是没有常数项的。

表 8.6　标准化的典则判别函数系数

	Function	
	1	2
造型	− 0. 922	0. 035
性能	1. 009	1. 104
价位	1. 210	0. 180

（7）未标准化的典则判别函数系数：未标准化的典则判别函数带有常数项，如表 8.7 所示。

表 8.7　未标准化的典则判别函数系数^a

	Function	
	1	2
造型	− 0. 051	0. 002
性能	0. 058	0. 063
价位	0. 070	0. 010
（Constant）	− 5. 682	− 4. 554

注: Unstandardized coefficients.

（8）此处面临两个选择。选择一：因为第一个函数的判断能力已超过85％，可以仅选择第一个判别函数，此时的判别规则与两个总体时的判别规则是类似的，可参考前面章节的相关内容来分析。选择二：若选择使用两个判别函数，继续分析：

$$y_1(x) = -5.682 - 0.051 x_1 + 0.058 x_2 + 0.070 x_3$$

$$y_2(x) = -4.554 + 0.002 x_1 + 0.063 x_2 + 0.010 x_3$$

其中，x_1、x_2、x_3分别表示造型、性能、价位。例如，编号1的两个函数值分别为：

$$y_1(1) = -5.682 - 0.051 \times 33 + 0.058 \times 42 + 0.070 \times 87 = 1.161$$

$$y_2(1) = -4.554 + 0.002 \times 33 + 0.063 \times 42 + 0.010 \times 87 = -0.972$$

按照公式计算出来的（1.161，-0.972）即为图8.11中SPSS系统保存的变量Dis1_1和变量Dis2_1下第一行（1.1006，-0.94235），由于上面两个公式的计算是按照保留三位小数来计算的，而SPSS输出结果系数是超过三位小数的，故两种方式的计算结果有误差是意料之中的。

（9）各组判别函数值的组心如表8.8所示，从中可知$\overline{y_l}^{(i)}$，$l = 1, 2$；$i = 1, 2, 3$。

$$\overline{y_1}^{(1)} = 1.277, \quad \overline{y_1}^{(2)} = 0.348, \quad \overline{y_1}^{(3)} = -1.555$$

$$\overline{y_2}^{(1)} = -0.263, \quad \overline{y_2}^{(2)} = 0.489, \quad \overline{y_2}^{(3)} = -0.128$$

表8.8　判别函数值的均值（组心）[a]

级别	Function	
	1	2
1	1.277	-0.263
2	0.348	0.489
3	-1.555	-0.128

注：Unstandardized canonical discriminant functions evaluated at group means.

（10）利用式（8.1）和上面的数据，便可判断分类。

$$D_1^2 = [y_1(x) - \overline{y_1}^{(1)}]^2 + [y_2(x) - \overline{y_2}^{(1)}]^2 = [y_1(x) - 1.277]^2 + [y_2(x) + 0.263]^2$$

$$D_2^2 = [y_1(x) - \overline{y_1}^{(2)}]^2 + [y_2(x) - \overline{y_2}^{(2)}]^2 = [y_1(x) - 0.348]^2 + [y_2(x) - 0.489]^2$$

$$D_3^2 = [y_1(x) - \overline{y_1}^{(3)}]^2 + [y_2(x) - \overline{y_2}^{(3)}]^2 = [y_1(x) + 1.555]^2 + [y_2(x) + 0.128]^2$$

例如，序号为 1 的车到 3 个类的距离分为：

$D_1^2 = 25.48068584$，$D_2^2 = 37.26147924$，$D_3^2 = 62.01810404$

其中，D_1^2 最小，故判别属于第 1 类。

（11）图 8.6 是聚类结果的区域图（Territorial Map），横坐标代表 y_1，纵坐标代表 y_2，从中可以看出，三个组被分为不同的 3 个区域，区域一、区域二和区域三，第 2 组位于第 1 和 2 组之间，打星号"＊"处是各组的组心。

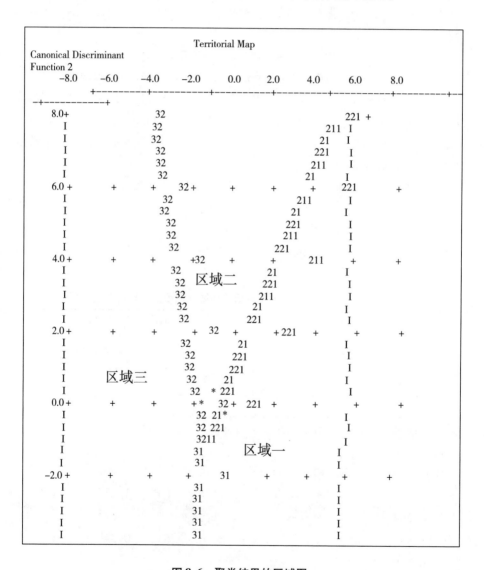

图 8.6　聚类结果的区域图

（12）散点图：图 8.7 至图 8.9 分别通过（y_1，y_2）画出了每一类中包含的成员以及每一类的组心。图 8.10 将三幅图综合在一张图中（按原始分类）。

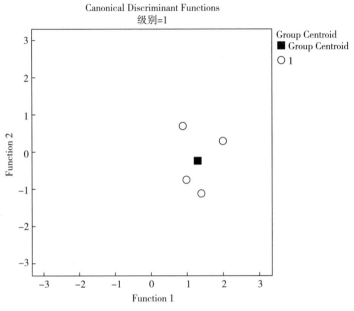

图 8.7　第 1 类的组心和组成员

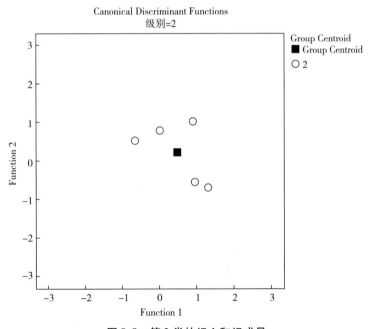

图 8.8　第 2 类的组心和组成员

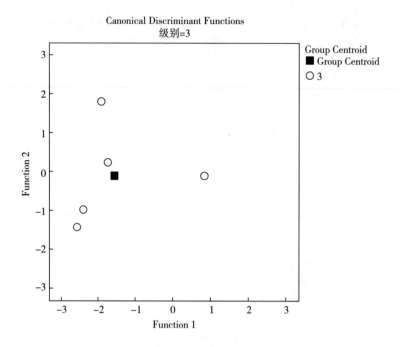

图 8.9　第 3 类的组心和组成员

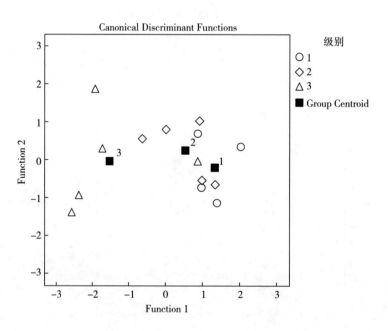

图 8.10　3 个类的组心以及组成员

（13）由于在图 8.5 中选择了生成并保存一些变量，故在数据视窗中能够看到 SPSS 系统生成的一些新变量，其中 Dis_1 表明判别分析的结果：Dis1_1 = y_1、Dis2_1 = y_2，这两列函数值是 Fisher 判别（典则判别）函数值；而最后 3 列是 Bayes 判别分析的 3 个后验概率值（见图 8.11）。

序号	造型	性能	价位	级别	Dis_1	Dis_2	Dis1_1	Dis2_1	Dis1_2	Dis2_2	Dis3_2
1	33	42	87	1	1	1	1.10060	-.94235	.72828	.25204	.01968
2	28	65	77	1	1	1	1.98567	.39348	.70533	.29281	.00186
3	37	77	56	1	2	2	.75315	.94961	.32526	.64442	.03032
4	16	43	79	1	1	1	1.47333	-.99530	.80348	.18902	.00750
5	34	46	84	1	1	1	1.07084	-.71944	.68920	.28992	.02088
6	17	55	68	2	1	1	1.34741	-.35119	.69268	.29725	.01008
7	48	78	51	2	2	2	-.10163	.98226	.15278	.68626	.16097
8	65	62	69	2	3	3	-.64216	.19369	.10547	.43270	.46183
9	44	79	60	2	2	2	.78773	1.13068	.30441	.66922	.02637
10	37	54	27	3	3	3	-2.59056	-.79980	.00103	.01229	.98668
11	88	87	45	3	3	3	-2.05294	1.56509	.00303	.12935	.86762
12	56	73	36	3	3	3	-1.84431	.52750	.00646	.10397	.88957
13	38	56	76	3	1	1	.88467	-.16444	.55119	.41833	.03048
14	77	28	84	3	3	3	-2.17181	-1.76978	.00384	.01490	.98126

图 8.11 保存在数据视窗的变量

（14）判别分析小结如表 8.9 所示，第一行表示共有 5 个样品在第 1 类，但是却将 1 个样品错判到第 2 类，正确率为 $\frac{4}{5}$ = 80%；第二行表示共有 4 个在第 2 类，但是却将 1 个错判到第 1 类，将 1 个错判到第 2 类，正确率 $\frac{2}{4}$ = 50%；第三行表示，共有 5 个在第 3 类，但是却将 1 个错判到第 1 类，正确率 $\frac{4}{5}$ = 80%；总的错判率为 $\frac{10}{14}$ = 71.4%。

在前文分析中已经提到 3 个总体均值之间在 0.05 的显著性水平上不存在显著性差异，且两个判别函数 y_1、y_2 都在 0.05 显著性水平上不显著，故可以预测此处建立的判别函数的错判率不够低，因此，该判别函数基本不能对新样品进行判别。

表 8.9 判别分析小结 Classification Results[b,c]

级别			Predicted Group Membership			Total
			1	2	3	
Original	Count	1	4	1	0	5
		2	1	2	1	4
		3	1	0	4	5
	%	1	80.0	20.0	0.0	100.0
		2	25.0	50.0	25.0	100.0
		3	20.0	0.0	80.0	100.0
Cross – validated[a]	Count	1	4	1	0	5
		2	1	2	1	4
		3	1	1	3	5
	%	1	80.0	20.0	0.0	100.0
		2	25.0	50.0	25.0	100.0
		3	20.0	20.0	60.0	100.0

注：a. Cross validation is done only for those cases in the analysis. In cross validation, each case is classified by the functions derived from all cases other than that case.

b. 71.4% of original grouped cases correctly classified.

c. 64.3% of cross – validated grouped cases correctly classified.

特别说明：由于我们在实验过程中勾选了"Fishe's"，所以在输出 Fisher 判别分析结果的同时也会输出 Bayes 判别分析的结果，这个问题前文已经有特别说明。在"Output"中以"Classification Statistics"为分界线，"Classification Statistics"以上是 Fisher 判别分析的主要结果，"Classification Statistics"以下是 Bayes 判别分析的主要输出结果。图 8.11 中最后的 3 列变量是保存在数据窗口中的 3 个后验概率值。从图 8.12 中可以看到，在该例子中 Bayes 判别法先验概率是等概率的，3 个判别函数式分别是：

$$y_1 = -0.159 x_1 + 0.757 x_2 + 0.791 x_3 - 49.727$$

$$y_2 = -0.110 x_1 + 0.751 x_2 + 0.734 x_3 - 47.202$$

$$y_3 = -0.014 x_1 + 0.603 x_2 + 0.596 x_3 - 34.616$$

这 3 个 Bayes 判别函数式要区别于 Fisher（典则）判别法的判别函数式，需要对这两种判别方法的原理理解透彻。

Classification Statistics

Classification Processing Summary

Processed		14
Excluded	Missing or out-of-range group codes	0
	At least one missing discriminating variable	0
Used in Output		14

Prior Probabilties for Groups

级别	Prior	Cases Used in Analysis	
		Unweighted	Weighted
1	0.333	5	5.000
2	0.333	4	4.000
3	0.333	5	5.000
Total	1.000	14	14.000

Classification Function Coefficients

	级别		
	1	2	3
造型	−0.159	−0.110	−0.014
性能	0.757	0.751	0.603
价位	0.791	0.734	0.596
（Constant）	−49.727	−47.202	−34.616

Fisher's linear discriminant functions

图 8.12 Bayes 判别法的输出结果

第九章 标枪成绩影响指标

——逐步判别分析法

一、实验目的

（1）熟练使用 SPSS 实现逐步判别分析，采用"有进有出"的原则筛选重要变量，并构造判别函数，对待判样品（case）作出分类判断。

（2）学会分析实验结果，能结合实际情况对实验结果给出合理的结论。

二、实验原理——逐步判别分析法

设有 k 个正态总体 $G_i \sim N_p$（$\mu^{(i)}$，$\sum$），$i = 1$，$\cdots$，k，它们有相同的协方差矩阵，如果它们有差别也只能表现在均值向量 $\mu^{(i)}$ 上。从 k 个总体分别抽取 n_1，$\cdots$，n_k 个样品，$X_1^{(1)}$，$\cdots$，$X_{n_1}^{(1)}$；$X_1^{(k)}$，$\cdots$，$X_{n_1}^{(k)}$；令 $n_1 + \cdots + n_k = n$，作统计假设：

H_0：$\mu^{(1)} = \mu^{(2)} = \cdots = \mu^{(k)}$

如果接受 H_0，说明这 k 个总体的统计差异不显著，在此基础上建立的判别函数效果不够理想，需要增加新的变量。

如果 H_0 被否定，说明这 k 个总体之间有显著差异，用目前的变量建立判别函数是有意义的，能够进行判别分析。

检验 H_0 的似然比为：

$$\Lambda_p = \frac{|E|}{|A + E|} = \frac{|E|}{|T|} \sim \Lambda_p(n - k, \ k - 1) \tag{9.1}$$

其中，

$$E = \sum_{a=1}^{k} \sum_{i=1}^{n_a} (X_i^{(a)} - \overline{X}^{(a)})'(X_i^{(a)} - \overline{X}^{(a)})$$

$$A = \sum_{a=1}^{k} n_a (X^{(a)} - \overline{X})'(X^{(a)} - \overline{X})$$

$0 \leqslant \Lambda_p \leqslant 1$。

$|E|$、$|T|$的大小分别反映了同一总体样本间的差异和 k 个总体所有样本间的差异。

Λ_p 值越小，表明各总体内部的差异越小，相对地，样本间总的差异越大，即各总体间有较大差异。因此，对给定的检验水平 α，应由 Λ_p 分布确定临界值 λ_α，使 $P\{\Lambda_p < \lambda_\alpha\} = \alpha$。

当 $\Lambda_p < \lambda_\alpha$ 时拒绝 H_0，否则 H_0 相容。

三、实验内容

对影响标枪运动员成绩的六项指标作逐步判别，其中，X1 表示 30 米跑；X2 表示投掷小球；X3 表示挺举重量；X4 表示抛实心球；X5 表示前抛铅球；X6 表示五级跳。

今从一级运动员中抽取 28 人、从健将级运动员中抽取 25 人，分别对上述六项指标进行观测。将一级运动员作为第一类（总体），健将级运动员作为第二类（总体），数据如表 9.1 所示。

表 9.1 28 名运动员的标枪成绩

编号	X1	X2	X3	X4	X5	X6	g
1	3.60	4.30	82.30	70.00	90.00	18.52	1
2	3.30	4.10	87.48	80.00	100.00	18.48	1
3	3.30	4.22	87.74	85.00	115.00	18.56	1
4	3.21	4.05	88.60	75.00	100.00	19.10	1
5	3.10	4.38	89.98	95.00	120.00	20.14	1
6	3.20	4.90	89.10	85.00	105.00	19.44	1
7	3.30	4.20	89.00	75.00	85.00	19.17	1
8	3.50	4.50	84.20	80.00	100.00	18.80	1
9	3.70	4.60	82.10	70.00	85.00	17.68	1
10	3.40	4.40	90.18	75.00	100.00	19.14	1
11	3.60	4.30	82.10	70.00	90.00	18.10	1
12	3.60	4.50	82.00	55.00	70.00	17.40	1
13	3.60	4.20	82.20	70.00	90.00	18.12	1
14	3.40	4.20	85.40	85.00	100.00	18.66	1
15	3.30	4.30	90.18	80.00	100.00	19.86	1
16	3.12	4.20	89.00	85.00	100.00	20.00	1

编号	X1	X2	X3	X4	X5	X6	g
17	3.10	4.20	90.20	85.00	115.00	20.80	1
18	3.60	4.20	81.96	65.00	80.00	17.20	1
19	3.70	4.40	81.00	80.00	95.00	17.00	1
20	3.30	4.30	90.00	80.00	110.00	19.80	1
21	3.80	4.09	80.80	60.00	80.00	16.89	1
22	3.70	4.30	83.90	85.00	100.00	18.76	1
23	3.50	1.20	85.40	85.00	100.00	18.70	1
24	3.40	4.10	86.70	85.00	110.00	18.50	1
25	3.30	4.10	88.10	75.00	85.00	18.96	1
26	3.70	4.10	84.10	70.00	95.00	18.70	1
27	3.60	4.30	82.00	70.00	90.00	18.40	1
28	3.20	4.20	89.20	85.00	115.00	19.88	1
29	3.10	4.00	103.00	95.00	110.00	24.80	2
30	3.30	4.50	118.00	90.00	120.00	25.70	2
31	3.10	4.50	105.00	85.00	110.00	25.10	2
32	3.80	4.10	104.53	80.00	100.00	24.98	2
33	3.00	4.20	112.00	95.00	125.00	25.35	2
34	3.90	3.70	98.20	85.00	90.00	21.80	2
35	3.50	4.10	98.70	90.00	120.00	22.78	2
36	3.10	3.90	98.20	60.00	90.00	21.98	2
37	3.30	3.90	109.00	100.00	120.00	25.30	2
38	3.10	3.95	98.40	95.00	115.00	25.20	2
39	3.14	3.90	95.30	90.00	110.00	21.42	2
40	3.60	4.30	93.60	75.00	85.00	20.84	2
41	3.12	3.90	95.80	80.00	105.00	21.80	2
42	3.00	3.90	93.80	85.00	90.00	21.08	2
43	3.40	3.91	96.30	110.00	120.00	21.98	2
44	3.63	3.78	98.56	85.00	120.00	22.36	2
45	8.30	3.98	97.40	85.00	100.00	22.34	2
46	3.30	4.40	112.00	75.00	110.00	25.10	2
47	3.50	4.10	107.70	87.00	110.00	25.10	2

续表

编号	X1	X2	X3	X4	X5	X6	g
48	3.40	4.20	92.10	80.00	120.00	22.16	2
49	3.60	4.10	99.48	85.00	120.00	23.10	2
50	3.10	4.40	116.00	75.00	110.00	25.30	2
51	3.12	4.00	102.70	80.00	110.00	24.68	2
52	3.60	4.10	115.00	85.00	115.00	23.70	2
53	3.50	4.30	97.80	75.00	100.00	24.10	2

资料来源：任雪松，于秀林. 多元统计分析［M］. 北京：中国统计出版社，2013.

四、实验过程

（1）建立数据。

（2）在菜单栏中依次选择"Analyze"、"Classify"、"Discriminant"，在"Discriminant Analysis"中将变量"g"选入"Grouping Variable"栏，然后点击"Define Range"，在新对话框中点击"Continue"返回。

（3）将"X1，X2，…，X6"选入"Independent"栏中。

（4）使用逐步判别法"Use stepwise method"进行判别分析。

（5）点击"Statistics"，选中所有选项，点击"Continue"返回。

（6）点击"Method"，在新出现的窗口中选择默认的"Wilks' lambda"法，选择"Use F value"选项，使用数值 Entry：2；Removal：1.99，其他选项默认。

（7）点击"Classify"，选中所有选项，点击"Continue"返回。

（8）点击"Save"，选中所有选项，点击"Continue"返回。

（9）点击"OK"提交系统执行，在输出窗口中显示结果清单。

"Method"在用全模型判别法时是灰色不可选的。其中的选项"Use Fvalue"默认"Entry：3.84"，"Removal：2.71"表示当变量的 F 值≥3.84 时将变量加入判别模型中，否则不能加入；或者当变量的 F 值≤2.71 时，才将变量从模型中移出，否则保留变量。一定注意："Entry"值必须大于"Removal"的值。

五、结果分析

由表9.2可知，Bayes判别函数为：

$$y_1 = 12.781 X1 + 0.167 X5 + 11.699 X6 - 140.375$$

$$y_2 = 14.216 X1 + 0.059 X5 + 15.156 X6 - 207.332$$

将待判样品的未标化数据分别代入到两个判别函数，计算y_1（第一类）和y_2（第二类），哪一个大待判样品就归到哪一类。表 9.2 下方 SPSS 输出的注释虽然是"Fisher's linear discriminant functions"，但这种判别方法实际上是一般教材中提到的 Bayes 判别法，因为这种用后验概率做判别分析的思想是 Fisher 提出的，所以 SPSS 系统把 Bayes 判别分析的功能放在了 Fisher's 这个选项下。

表 9.2　Bayes 线性判别函数系数

	g	
	1	2
X1	12.781	14.216
X5	0.167	0.059
X6	11.699	15.156
（Constant）	-140.375	-207.332

注：Fisher's linear discriminant functions.

六、小知识

（1）SPSS 可以更改界面的语言，在菜单"Edit"、"Options"、"Language"中进行选择。

（2）Excel 求逆矩阵，用函数 EINVERSE 以及 Ctrl + Shift + Enter 进行确认。

（3）Excel 求矩阵乘积，用 MMULT 求矩阵的乘积。

（4）求平均值用 AVERAGE、方差 VAR、标准差 STDEV。

（5）SPSS 软件对用"Analyze"、"Descriptive Statistics"、"Descriptive"之后添加变量，并且勾选"Save Standardized values as variables"；此时标准化后的数据会以新变量的形式保存在"Data View"窗口中。

第十章　主成分分析

一、实验目的

（1）在深入理解主成分分析实验原理的基础上学会使用 SPSS 实现其结果，注意将主成分分析和因子分析进行区分。

（2）理解主成分分析的实验结果，能够结合实际问题给出合理的结论和解释。

二、实验原理

主成分分析的目的是用原来多个指标的少数综合指标来代替过多指标，以达到降维的效果，同时根据实际需要从中尽可能多地提取原始信息。设 $X = (X_1, \cdots, X_p)'$ 是 p 维随机向量，均值 $E(X) = \mu$，协差阵 $D(X) = \sum$，用 X 的 p 个向量（即 p 个指标向量）$X_1, \cdots, X_p$ 作线性组合（即综合指标向量）为：

$$\begin{cases} F_1 = a_{11}X_1 + a_{21}X_2 + \cdots + a_{p1}X_p \triangleq a'_1 X \\ F_2 = a_{12}X_1 + a_{22}X_2 + \cdots + a_{p2}X_p \triangleq a'_2 X \\ \vdots \\ F_p = a_{1p}X_1 + a_{2p}X_2 + \cdots + a_{pp}X_p \triangleq a'_p X \end{cases} \tag{10.1}$$

（1）$a'_i a_i = 1 \; (i = 1, \cdots, p)$。

（2）$i > 1, \; Cov(F_i, F_j) = 0 \; (j = 1, \cdots, i - 1)$。

（3）$Var(F_i) = \max_{a'a = 1, cov(F_i, F_j) = 0} Var(a'X) (j = 1, \cdots, i - 1)$。

理论推导过程表明，前 k 个主成分的累计贡献率定义为 $\dfrac{\sum\limits_{i=1}^{k} \lambda_i}{\sum\limits_{i=1}^{p} \lambda_i}$，如果前 k 个主成分的累计贡献率达到 85%（具体情况也要具体分析），表明取前 k 个主成分基本包含了全部测量指标的绝大多数信息。令

$$X_i^* = \frac{X_i - E(X_i)}{\sqrt{Var(X_i)}} = \frac{X_i - \mu_i}{\sigma_i}(i = 1, \cdots, p)$$

这时，标准化的随机向量 $X^* = (X_1^*, \cdots, X_p^*)'$ 的协差阵 $\sum^*$ 就是原随机向量 X 的相关阵 R。示例如表 10.1 所示。

表 10.1　变量标准化后的因子载荷阵

变量＼因子	F_1^*	$\cdots$	F_k^*	$\cdots$	F_p^*	$\sum\limits_{k=1}^{p} \rho_{ki}^2$
X_1^*	$u_{11}^* \sqrt{\lambda_1^*}$	$\cdots$	$u_{1k}^* \sqrt{\lambda_k^*}$	$\cdots$	$u_{1p}^* \sqrt{\lambda_p^*}$	1
X_2^*	$u_{21}^* \sqrt{\lambda_1^*}$	$\cdots$	$u_{2k}^* \sqrt{\lambda_k^*}$	$\cdots$	$u_{2p}^* \sqrt{\lambda_p^*}$	1
$\cdots$	$\cdots$		$\cdots$		$\cdots$	$\cdots$
X_p^*	$u_{p1}^* \sqrt{\lambda_1^*}$	$\cdots$	$u_{pk}^* \sqrt{\lambda_k^*}$	$\cdots$	$u_{pp}^* \sqrt{\lambda_p^*}$	1
$\sum\limits_{i=1}^{p} \rho_{ki}^2$	λ_1^*	$\cdots$	λ_k^*	$\cdots$	λ_p^*	$\sum\limits_{k=1}^{p}\sum\limits_{i=1}^{p} \rho_{ki}^2 = p$

设有 n 个样品，每个样品观测 p 个指标，将原始数据写成矩阵如下：

$$X = \begin{bmatrix} x_{11} & x_{12} & \cdots & x_{1p} \\ x_{21} & x_{22} & \cdots & x_{2p} \\ \vdots & \vdots & & \vdots \\ x_{n1} & x_{n2} & \cdots & x_{np} \end{bmatrix}.$$

具体计算步骤：

（1）将原始数据标准化（不妨设矩阵已经进行了标准化）。

（2）建立变量（标准化后的变量）的相关系数阵：

$R = (r_{ij})_{p \times p}$ 不妨设 $R = X'X$

（3）求 R 的特征根 $\lambda_1 \geqslant \lambda_2 \geqslant \cdots \geqslant \lambda_p > 0$，且相应的单位特征向量：

$$a_1 = \begin{bmatrix} a_{11} \\ a_{21} \\ \vdots \\ a_{p1} \end{bmatrix}, \quad a_2 = \begin{bmatrix} a_{12} \\ a_{22} \\ \vdots \\ a_{p2} \end{bmatrix}, \quad \cdots, \quad a_p = \begin{bmatrix} a_{1p} \\ a_{2p} \\ \vdots \\ a_{pp} \end{bmatrix}$$

（4）写出主成分：

$$F_i = a_{1i}X_1 + a_{2i}X_2 + \cdots + a_{pi}X_p, \quad i = 1, \cdots, p \tag{10.2}$$

三、实验内容

对全国30个省区市经济发展基本情况的八项指标做主成分分析。原始数据如表10.2所示。

表 10.2　全国 30 个省区市经济发展基本情况的八项指标

地区	X1	X2	X3	X4	X5	X6	X7	X8
北京	1394.89	2505	519.01	8144	373.9	117.3	112.6	843.43
天津	920.11	2720	345.46	6501	342.8	115.2	110.6	582.51
河北	2849.52	1258	704.87	4839	2033.3	115.2	115.8	1234.85
山西	1092.48	1250	290.90	4721	717.3	116.9	115.6	697.25
内蒙古	832.88	1387	250.23	4134	781.7	117.5	116.8	419.39
辽宁	2793.37	2397	387.99	4911	1371.1	116.1	114.0	1840.55
吉林	1129.20	1872	320.45	4430	497.4	115.2	114.2	762.47
黑龙江	2014.53	2334	435.73	4145	824.8	116.1	114.3	1240.37
上海	2462.57	5343	996.48	9279	207.4	118.7	113	1642.95
江苏	5155.25	1926	1434.95	5943	1025.5	115.8	114.3	2026.64
浙江	3524.79	2249	1006.39	6619	754.4	116.6	113.5	916.59
安徽	2003.58	1254	474.00	4609	908.3	114.8	112.7	824.14
福建	2160.52	2320	553.97	5857	609.3	115.2	114.4	433.67
江西	1205.11	1182	282.84	4211	411.7	116.9	115.9	571.84
山东	5002.34	1527	1229.55	5145	1196.6	117.6	114.2	2207.69
河南	3002.74	1034	670.35	4344	1574.4	116.5	114.9	1367.92
湖北	2391.42	1527	571.68	4685	849.0	120.0	116.6	1220.72
湖南	2195.70	1408	422.61	4797	1011.8	119.0	115.5	843.83
广东	5381.72	2699	1639.83	8250	656.5	114.0	111.6	1396.35
广西	1606.15	1314	382.59	5105	556.0	118.4	116.4	554.97
海南	364.17	1814	198.35	5340	232.1	113.5	111.3	64.33
四川	3534.00	1261	822.54	4645	902.3	118.5	117.0	1431.81
贵州	630.07	942	150.84	4475	301.1	121.4	117.2	324.72
云南	1206.68	1261	334.00	5149	310.4	121.3	118.1	716.65

续表

地区	X1	X2	X3	X4	X5	X6	X7	X8
西藏	55.98	1110	17.87	7382	4.2	117.3	114.9	5.57
陕西	1000.03	1208	300.27	4396	500.9	119.0	117.0	600.98
甘肃	553.35	1007	114.81	5493	507.0	119.8	116.5	468.79
青海	165.31	1445	47.76	5753	61.6	118.0	116.3	105.80
宁夏	169.75	1355	61.98	5079	121.8	117.1	115.3	114.40
新疆	834.57	1469	376.95	5348	339.0	119.7	116.7	428.76

注：X1 表示 GDP；X2 表示居民消费水平；X3 表示固定资产投资；X4 表示职工平均工资；X5 表示货物周转量；X6 表示居民消费价格指数；X7 表示商品零售价格指数；X8 表示工业总产值。

资料来源：任雪松，于秀林. 多元统计分析［M］. 北京：中国统计出版社，2013.

四、实验过程——提取主成分

（1）建立数据。

（2）在菜单栏中依次选择"Analyze"、"Dimension Reduction"、"Factor"。

（3）在打开的"Factor Analysis"对话框中将八个指标 X1，X2，…，X8 移入"Variables"中（见图 10.1）。

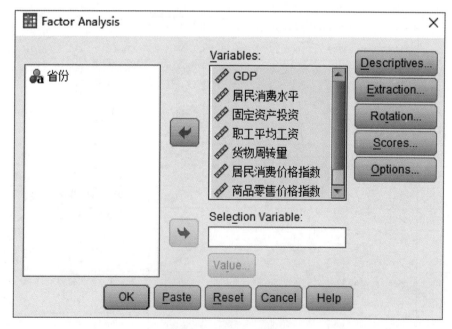

图 10.1 选入八个指标

（4）点击"Descriptives"，选择"Initial solution"、"Coefficients"和"Significance levels"。

（5）点击"Extraction"，选择"Scree plot"输出碎石图，其他都按系统默认（见图10.2）；此处 Correlation matrix 和 Unrotated factor solution 默认是勾选的。

（6）点击"OK"输出结果。

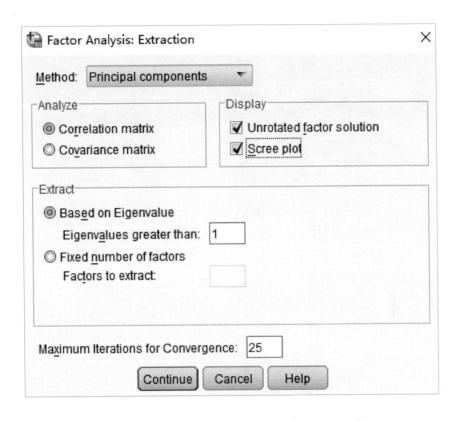

图 10.2　在"Method"中选择默认的"Principal"

五、结果分析

（1）Total Variance Explained：给出了所有的特征值，并且按从大到小的顺序排列。如表 10.3 所示，第一个主成分的特征值为 3.755，它解释了总变异的 46.939%；第二个主成分的特征值为 2.197，它解释了总变异的 27.459%；第三个主成分的特征值为 1.215，它解释了总变异的 15.186%。前三个主成分累计解释了总变异的 89.584%，据此我们提取前三个主成分；这也是图 10.2 中系统默

认选取特征根 λ 大于 1 （Eigenvalues Greater Than 1） 的输出结果。

表 10.3　方差信息提取表

Component		Initial Eigenvalues			Extraction Sums of Squared Loadings		
		Total （λ_i）	% of Variance	Cumulative %	Total	% of Variance	Cumulative %
dimension0	1	3.755	46.939	46.939	3.755	46.939	46.939
	2	2.197	27.459	74.398	2.197	27.459	74.398
	3	1.215	15.186	89.584	1.215	15.186	89.584
	4	0.402	5.030	94.614			
	5	0.213	2.660	97.274			
	6	0.138	1.724	98.999			
	7	0.065	0.818	99.817			
	8	0.015	0.183	100.000			

注：Extraction Method：Principal Component Analysis.

（2）Scree Plot（碎石图）：图 10.3 所显示的实际上是按特征值大小排列的主成分散点图，说明前三个特征值都大于 1，从第四个开始都小于 1，特征根较小，代表该主成分包含的信息量也较少。参考碎石图可以认为前三个主成分能够基本提取原来 8 个变量绝大部分信息。

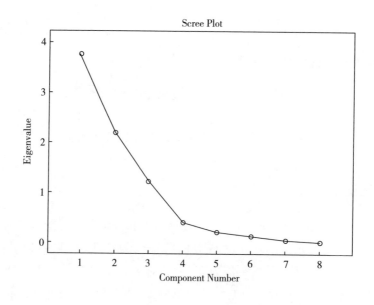

图 10.3　碎石图

（3）Component Matrix（因子载荷矩阵）：主成分的系数是需要借助表 10.4 中的因子载荷矩阵来计算的，下面即将介绍计算方式。由于因子载荷矩阵是不唯一的，也就是除表 10.4 给出的因子载荷矩阵外，还有其他结果的载荷矩阵。例如，通过使用方差最大化进行正交旋转得出的因子载荷与表 10.4 并不相同，这些内容将在下一章因子分析中介绍。本章计算主成分系数时所需要的因子载荷是表 10.4，也就是说，需要的是在图 10.2 中"Method"选项选择默认的"Principal"时输出的因子载荷表 10.4。

表 10.4 因子载荷矩阵^a

	Component		
	1	2	3
GDP	0.885	0.384	0.121
居民消费水平	0.607	− 0.598	0.271
固定资产投资	0.912	0.161	0.212
职工平均工资	0.466	− 0.722	0.368
货物周转量	0.486	0.738	− 0.275
居民消费价格指数	− 0.509	0.252	0.797
商品零售价格指数	− 0.620	0.594	0.438
工业总产值	0.823	0.427	0.211

注：Extraction Method：Principal Component Analysis.

a. 3 components extracted.

（4）由表 10.4 的因子载荷矩阵计算出主成分的操作方式有很多方法，可以使用 SPSS 计算，也可以使用 Excel。使用 SPSS 计算的操作方法如图 10.4 至图 10.9 所示。依据原理是，主成分系数和因子载荷之间的关系是主成分系数是因子载荷除以开方后的特征根，即

$$F_i = \frac{V_i}{\sqrt{\lambda_i}}$$

其中，F_i 表示主成分系数，V_i 表示因子载荷，λ_i 表示对应的特征根。对于该公式关系的理解需要理解主成分分析和因子分析的原理。

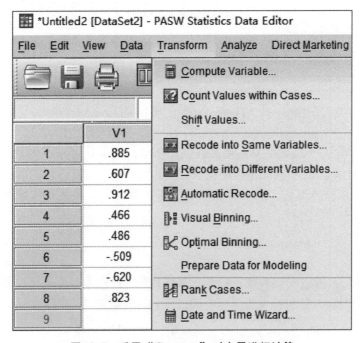

图 10.4 将因子载荷复制到 SPSS 数据窗口中

图 10.5 采用"Compute"对变量进行计算

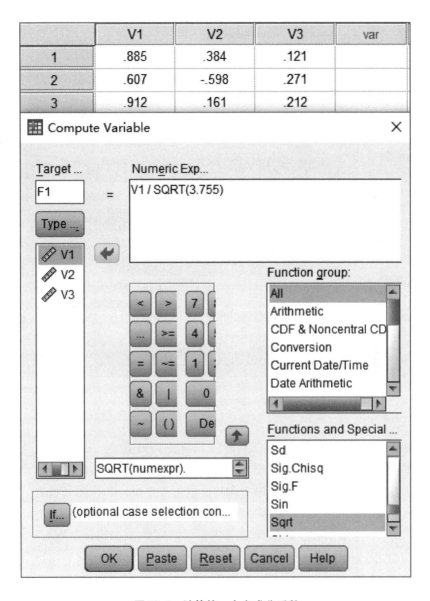

图10.6　计算第一个主成分系数

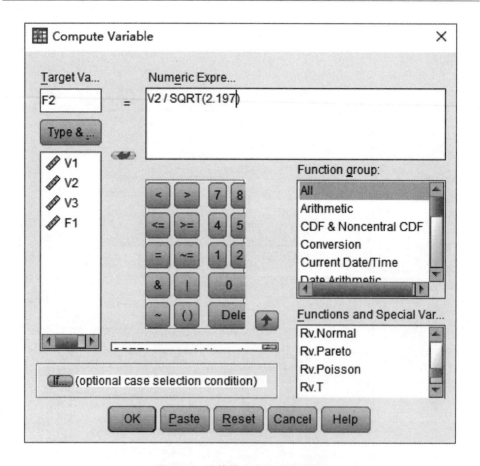

图 10.7　计算第二个主成分系数

也可以使用 Excel 计算主成分的系数。如表 10.5 中的 Excel 第一列是特征根，第 2 至第 4 列是因子载荷矩阵，将第 1 列的特征根开方之后为第 4 列，根据主成分的系数是因子载荷矩阵除以对应特征根的开方则可以计算出最后三列为主成分系数，其结果和图 10.9 中最后三列的计算结果是一致的。用 Excel 计算得出第 i 个主成分的变量系数向量见表 10.5 的最后面三列。

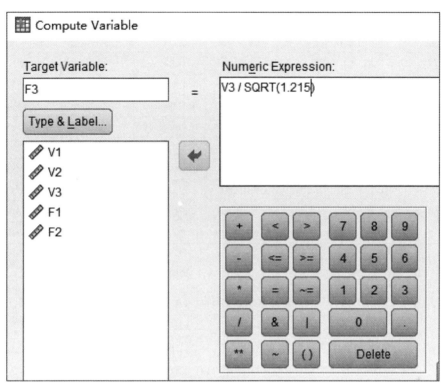

图 10.8　计算第三个主成分系数

	V1	V2	V3	F1	F2	F3
1	.885	.384	.121	.456708	.259069	.109773
2	.607	-.598	.271	.313245	-.403447	.245856
3	.912	.161	.212	.470641	.108620	.192330
4	.466	-.722	.368	.240481	-.487105	.333856
5	.486	.738	-.275	.250802	.497899	-.249485
6	-.509	.252	.797	-.262671	.170014	.723053
7	-.620	.594	.438	-.319953	.400748	.397362
8	.823	.427	.211	.424712	.288080	.191423

图 10.9　计算出三个主成分的系数 **F1**、**F 2**和 **F 3**

表 10.5　Excel 计算主成分系数

特征根	因子载荷阵			特征根开方	主成分系数		
λ	V1	V2	V3	$\sqrt{\lambda}$	F1	F2	F3
3.755	0.885	0.384	0.121	1.937782238	0.456707664	0.259069446	0.109773429
2.197	0.607	−0.598	0.271	1.482228053	0.313244692	−0.403446689	0.245856193
1.215	0.912	0.161	0.212	1.102270384	0.470641119	0.108620262	0.192330306
0.402	0.466	−0.722	0.368	0.634034699	0.240481098	−0.487104531	0.33385638
0.213	0.486	0.738	−0.275	0.46151923	0.250802175	0.497899091	−0.249485066
0.138	−0.51	0.252	0.797	0.371483512	−0.26267141	0.170014324	0.723053083
0.065	−0.62	0.594	0.438	0.254950976	−0.31995339	0.400748049	0.397361669
0.015	0.823	0.427	0.211	0.122474487	0.424712325	0.288079826	0.191423087

前三个主成分为：

$F1 = 0.456707664 X_1^* + 0.313244692 X_2^* + 0.470641119 X_3^* + 0.240481098 X_4^* +$
　　$0.250802175 X_5^* - 0.262671414 X_6^* - 0.319953392 X_7^* + 0.424712325 X_8^*$；

$F2 = 0.259069446 X_1^* - 0.403446689 X_2^* + 0.108620262 X_3^* - 0.487104531 X_4^* +$
　　$0.497899091 X_5^* + 0.170014324 X_6^* + 0.400748049 X_7^* + 0.288079826 X_8^*$；

$F3 = 0.109773429 X_1^* + 0.245856193 X_2^* + 0.192330306 X_3^* + 0.33385638 X_4^* -$
　　$0.249485066 X_5^* + 0.723053083 X_6^* + 0.397361669 X_7^* + 0.191423087 X_8^*$

　　由于主成分得分即主成分函数值并不是 SPSS 系统中自动保存的因子得分，需要按照主成分的表达式计算出主成分得分F1、F2和F3。计算方法也很多，如可以用 Excel 中函数 MMULT 进行矩阵相乘来计算主成分得分，方便快捷；也可以借助 SPSS 中"Transform" — "Compute Variable"来实现，保留的小数位数不同会造成结果略有差异，当然也可以借助其他软件来实现。但是主成分得分不同于因子得分，即主成分得分不是 SPSS 自动保存的因子得分。

　　从图 10.10 中可以看出：

　　第一个主成分F1的第 1、第 3、第 8 个指标起主要作用。

　　第二个主成分F2的第 2、第 4、第 5、第 7 个指标起主要作用。

　　第三个主成分F3的第 6 个指标起主要作用。

　　注意，两个默认选项：

　　（1）Correlation Matrix：暗示我们是用标准化后的数据做的主成分分析。

　　（2）Unrotated Factor Analysis：此处主成分是因子分析的一部分。

MMULT　▼ × ✓ *fx*　=MMULT(A1:H30,I1:K8)

	A	B	C	D	E	F	G	H	I	J	K	L	M	N
1	-0.35679	0.88095	0.01862	2.05032	-0.63535	0.00658	-1.21526	-0.03347	0.456708	0.259069	0.109773	=MMULT(A1,I1:K8)	-2.63726	-1.173
2	-0.67872	1.13048	-0.41215	0.79633	-0.70297	-1.03029	-2.26896	-0.47981	0.313245	-0.40345	0.245850	1.358179	2.350401	-1.31322
3	0.62953	-0.56628	0.47994	-0.47216	2.97255	-1.03029	0.47065	0.63609	0.470641	0.10862	0.19233	-0.98904	0.38869	-0.57113
4	-0.56185	-0.57557	-0.54757	-0.56222	0.11128	-0.19092	0.36528	-0.28353	0.240481	-0.48711	0.333856	-0.39024	0.298464	-0.57113
5	-0.73787	-0.41657	-0.64852	-1.01024	0.2513	0.10533	0.9975	-0.75884	0.250802	0.497899	-0.24949	-1.62173	0.722724	-0.38085
6	0.59145	0.75561	-0.30658	-0.41721	1.53278	-0.58592	-0.47768	1.67221	-0.26267	0.170014	0.723053	1.663562	0.972158	-0.62333
7	-0.53695	0.14631	-0.47422	-0.78432	-0.36683	-1.03029	-0.37231	-0.17196	-0.31995	0.400748	0.397362	-0.38649	-0.42415	-1.21032
8	0.06336	0.6825	-0.18809	-1.00184	0.34501	-0.58592	-0.31962	0.64554	0.424712	0.28808	0.191423	0.530146	0.338679	-0.70905
9	0.36715	4.17467	1.20375	2.91659	-0.99736	0.69784	-1.00452	1.33419				3.197897	-3.27522	2.881547
10	2.19294	0.20898	2.29207	0.37045	0.78137	-0.73404	-0.31962	1.99054				3.571273	1.261921	0.384956
11	1.0874	0.58385	1.22834	0.88639	0.19194	-0.33904	-0.7411	0.09167				1.884025	-0.48484	0.225116
12	0.05593	-0.57093	-0.0931	-0.6477	0.52655	-1.22779	-1.16258	-0.06647				0.445431	0.118592	-1.86218
13	0.16234	0.66625	0.10539	0.30481	-0.12354	-1.03029	-0.26694	-0.73441				0.418882	-0.91898	-0.65713
14	-0.48548	-0.65449	-0.56758	-0.95147	-0.55316	-0.19092	0.52334	-0.49806				-1.39024	0.298464	-0.52844
15	-0.28926	0.25409	1.78225	-0.23861	1.15338	0.15471	-0.37231	2.30024				3.000701	2.067611	0.546483
16	0.73342	-0.82625	0.39426	-0.84996	1.9748	-0.38842	-0.00351	0.86372				1.022562	2.144287	-0.94016
17	0.31891	-0.25409	0.14935	-0.5897	0.39762	1.33971	0.89213	0.61192				-0.28319	1.448145	1.145503
18	0.1862	-0.3922	-0.22065	-0.50422	0.75158	0.84596	0.3126	-0.03279				-0.41057	1.061975	0.255345
19	2.3465	1.10611	2.8006	2.13122	-0.02092	-1.6228	-1.74211	0.91236				4.614643	-1.29391	0.093933
20	2.21355	-0.50129	-0.31999	-0.26914	-0.23943	0.54971	0.78676	-0.52692				-1.14984	0.381006	0.370883
21	-1.05568	0.079	-0.77729	-0.08978	-0.94365	-1.86967	-1.90016	-1.36621				-0.56265	-2.28884	-2.40895
22	1.09364	-0.5628	0.77201	-0.62023	0.51351	0.59908	1.10287	0.97301				0.569177	1.976167	0.852646
23	-0.87538	-0.93302	-0.89521	-0.74998	-0.79363	2.03096	1.20824	-0.92078				-2.8039	0.586807	1.222298
24	-0.48441	-0.5628	-0.44059	-0.23556	-0.77341	1.98159	1.6824	-0.25034				-2.02063	0.722368	1.891425
25	-1.26465	-0.73805	-1.22526	1.46874	-1.43916	0.00658	-0.00351	-1.46672				-2.0167	-2.01776	0.016063
26	-0.62453	-0.62431	-0.52431	-0.81027	-0.35922	0.84596	1.10287	-0.44821				-1.77794	0.705638	0.460334
27	-0.92741	-0.85759	-0.98464	0.02699	-0.34596	1.24096	0.83944	-0.67434				-2.11683	0.166498	0.695056
28	-1.19052	-0.34926	-1.15107	0.22543	-1.31436	0.35221	0.73407	-1.29257				-2.3478	-1.07586	0.263648
29	-1.18751	-0.45371	-1.11577	-0.28898	-1.18347	-0.09217	0.20723	-1.28056				-2.16187	-0.99581	-0.48715
30	-0.73672	-0.3214	-0.33399	-0.08368	-0.71123	1.19159	0.94481	-0.74281				-1.7236	-0.0436	1.020201

图 10.10　Excel 中"MMULT"进行矩阵相乘来实现主成分得分

六、结果分析——综合评价

（1）将变量原始数据进行标准化处理："Analyze"、"Descriptive Statistics"、"Descriptives"，在打开对话框中勾选"Save standardized values"选项，点击"OK"。标准化后的变量为 $Zx1$，$Zx2$，…，$Zx8$。

（2）点击"Transform"、"Compute"，在打开的新对话框中，在"Target Variable"中输入"z1"，在"Numeric expression"中输入"$0.456707664 * Zx1 + 0.313244692 * Zx2 + 0.470641119 * Zx3 + 0.240481098 * Zx4 + 0.250802175 * Zx5 - 0.262671414 * Zx6 - 0.319953392 * Zx7 + 0.424712325 * Zx8$"，点击"OK"。

（3）点击"Transform"、"Compute"，在打开的新对话框中，在"Target Variable"中输入"z2"，在"Numeric expression"中输入"$0.259069446 * Zx1 - 0.403446689 * Zx2 + 0.108620262 * Zx3 - 0.487104531 * Zx4 + 0.497899091 * Zx5 + 0.170014324 * Zx6 + 0.400748049 * Zx7 + 0.288079826 * Zx8$"，点击"OK"。

（4）点击"Transform"、"Compute"，在打开的新对话框中，在"Target Variable"中输入"z3"，在"Numeric expression"中输入"$0.109773429 * Zx1 + 0.245856193 * Zx2 + 0.192330306 * Zx3 + 0.33385638 * Zx4 - 0.249485066 * Zx5 + 0.723053083 * Zx6 + 0.397361669 * Zx7 + 0.191423087 * Zx8$"，点击"OK"。

（5）重新进入"Compute"对话框，在"Target Variable"中输入"z"，在"Numeric expression"中输入$\dfrac{(3.755z1 + 2.197z2 + 1.215z3)}{(3.755 + 2.197 + 1.215)}$。

（6）$\left(\text{此处即}\dfrac{\lambda_1}{\lambda_1 + \lambda_2 + \lambda_3}F_1 + \dfrac{\lambda_2}{\lambda_1 + \lambda_2 + \lambda_3}F_2 + \dfrac{\lambda_3}{\lambda_1 + \lambda_2 + \lambda_3}F_3\right)$点击"OK"即可。

（7）图10.11显示，SPSS中的"Transform"—"Rank cases"按照主成分的综合得分"z"进行排序，排序后的结果如表10.6所示。

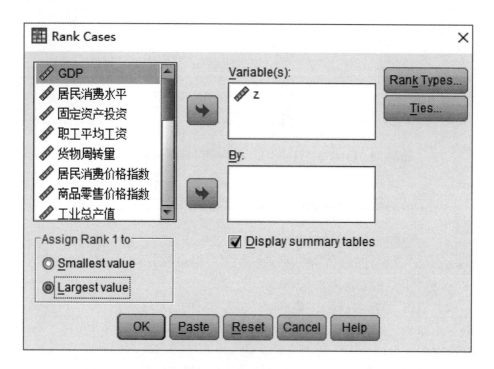

图10.11　对综合得分进行排序

表10.6　主成分的综合进行排序

省份	z1	z2	z3	z	排序
北京	0.8284	- 2.25642	0.53948	- 0.16623	14
天津	0.6582	- 2.63726	- 1.173	- 0.66246	21
河北	1.3582	2.3504	- 1.31322	1.20946	4
山西	- 0.989	0.38869	- 0.57113	- 0.49586	17
内蒙古	- 1.6217	0.72272	- 0.38085	- 0.69269	22

续表

省份	$z1$	$z2$	$z3$	z	排序
辽宁	1.6636	0.97216	− 0.62333	1.06393	6
吉林	− 0.3865	− 0.42415	− 1.21032	− 0.53769	19
黑龙江	0.5301	0.33868	− 0.70905	0.26137	11
上海	3.1979	− 3.27522	2.88155	1.15997	5
江苏	3.5713	1.26192	0.38496	2.32319	1
浙江	1.884	− 0.48484	0.22512	0.87663	9
安徽	0.4454	0.11859	− 1.86218	− 0.04596	13
福建	0.4189	− 0.91898	− 0.65713	− 0.17365	15
江西	− 1.3902	0.29846	− 0.52844	− 0.72648	23
山东	3.0007	2.06761	0.54648	2.29861	2
河南	1.0226	2.14483	− 0.94016	1.03385	8
湖北	− 0.2832	1.44815	1.1455	0.48974	10
湖南	− 0.4106	1.06198	0.25535	0.15372	12
广东	4.6146	− 1.29391	0.09393	2.03703	3
广西	− 1.1498	0.38101	0.37088	− 0.42276	16
海南	− 0.5627	− 2.28884	− 2.40895	− 1.4048	27
四川	0.5692	1.97617	0.85265	1.04854	7
贵州	− 2.8039	0.58681	1.2223	− 1.08195	26
云南	− 2.0206	0.72237	1.89143	− 0.51658	18
西藏	− 2.0167	− 2.01776	0.01606	− 1.67242	30
陕西	− 1.7779	0.70564	0.46033	− 0.63716	20
甘肃	− 2.1168	0.1665	0.69506	− 0.9402	25
青海	− 2.3478	− 1.07586	0.26365	− 1.51518	28
宁夏	− 2.1619	− 0.99581	− 0.48715	− 1.52051	29
新疆	− 1.7236	− 0.0436	1.0202	− 0.74346	24

　　从表10.6中可以看到具体情况，还可以按各个主成分进行排名，了解各地的情况，并思考为何北京相对靠后？

七、小技巧

　　（1）用"复制"—"粘贴"，点击"选择性粘贴"即可以将 pdf 文件里的数据放在 Excel 上，之后点击"数据"、"分列"，选择"固定宽度"，即可进行调整同时含有文字和数字的列。

（2）可以用 SPSS 对变量进行升序或者降序排列，方法是依次选择"Data"、"Sort Cases"，把需要排名的数据选入"Sort by"、"Sort Order"，如"Descending"从大到小排序。

（3）SPSS 输出结果里的所有表格都可以另存为 Excel 格式的文件。

第十一章　主成分回归分析

一、实验目的

（1）理解主成分回归的基本原理，学会使用 SPSS 实现主成分回归，以达到更加深入理解主成分回归分析原理的目的。

（2）学会分析实验结果，结合具体情况给出合理的分析和研究结论。

二、实验原理

主成分回归顾名思义是利用主成分得分值进行回归分析。具体步骤如下：

（1）将 p 个变量的观测数据标准化，用标准化后的自变量进行主成分分析，求出主成分 F_1，$\cdots$，F_p。由于 F_1，$\cdots$，F_p 互不相关，且 $Var\ F_1 \geqslant Var\ F_2 \geqslant \cdots \geqslant Var\ F_p > 0$，可根据累计贡献率选取前 m 个主成分建立回归模型：

$$Y = b_1 F_1 + \cdots + B_m F_m (m \leqslant p) \tag{11.1}$$

（2）用标准化的原变量观测数据（含自变量和因变量），计算前 m 个主成分的得分值，将其作为 F_1，$\cdots$，F_m 的观测值建立 Y 与 F_1，$\cdots$，F_m 的回归模型：

$$\hat{Y} = \hat{b}_1 F_1 + \cdots + \hat{b}_m F_m \tag{11.2}$$

即为 Y 关于 F_1，$\cdots$，F_m 的回归方程。

（3）由于 F_i（$i = 1, 2, \cdots, m$）是标准化变量 x_1^*，x_2^*，$\cdots$，x_p^* 表示的方程，所以再把 m 个主成分 F_i（$i = 1, 2, \cdots, m$）代入上述方程，有：

$$\hat{Y} = \hat{b}_1 (u_{11} x_1^* + u_{21} x_2^* + \cdots + u_{p1} x_p^*) + \cdots + \hat{b}_m (u_{1m} x_1^* + u_{2m} x_2^* + \cdots + u_{pm} x_p^*)$$
$$= (\hat{b}_1 u_{11} + \cdots + \hat{b}_m u_{1m}) x_1^* + \cdots + (\hat{b}_1 u_{p1} + \cdots + \hat{b}_m u_{pm}) x_p^*$$
$$= \hat{\beta}_1 x_1^* + \cdots + \hat{\beta}_p x_p^* \tag{11.3}$$

即为 Y 关于 x_1^*，$\cdots$，x_p^* 的主成分回归方程。

（4）将式（11.3）回归方程中的 x_1^*，$\cdots$，x_p^* 再用原始变量 x_1，$\cdots$，x_p 表示，即得到用原始变量表示的回归方程。

三、实验内容

对进口总额（Y）与国内总产值（$X1$）、存储量（$X2$）、总消费量（$X3$）作主成分回归分析。数据如表 11.1 所示。

表 11.1 进口总额的影响因素

序号	$X1$	$X2$	$X3$	Y
1	149.3	4.2	108.1	15.9
2	161.2	4.1	114.8	16.4
3	171.5	3.1	123.2	19.0
4	175.5	3.1	126.9	19.1
5	180.8	1.1	132.1	18.8
6	190.7	2.2	137.7	20.4
7	202.1	2.1	146.0	22.7
8	212.4	5.6	154.1	26.5
9	226.1	5.0	162.3	28.1
10	231.9	5.1	164.3	27.6
11	239.0	0.7	167.6	26.3

资料来源：任雪松，于秀林. 多元统计分析［M］. 北京：中国统计出版社，2013.

四、实验过程 1——提取主成分

（1）建立数据。

（2）在菜单栏中依次选择 "Analyze"、"Dimension Reduction"、"Factor"。

（3）在打开的 "Factor Analysis" 对话框中将 3 个指标 X_1、X_2、X_3 移入 "Variables"。

（4）点击 "Descriptives"，选择 "Initial solution"、"Coefficients" 和 "Significance levels"。

（5）点击 "Extraction"，选择 "Scree plot" 输出碎石图，在 "Number of factors" 中填 3，其他都按系统默认。

（6）点击 "OK" 输出结果。

五、结果分析 1——主成分

依次选择菜单 "Analyze"、"Descriptive statistics"、"Descriptives" 输出自变量 X_1、X_2、X_3 和因变量 Y 的均值与标准差等描述统计量（见图 11.1），同时注意勾选下边方框的 "Save standardized values as variables" 进行标准化处理，如图

11.2 所示。标准化后的变量自动以 $Zx1$、$Zx2$ 和 $Zx3$ 保存在数据窗口中，效果如表 11.2 所示。描述统计量的输出结果如表 11.3 所示，这个表格是为主成分回归的最后一个步骤——还原原始变量之间关系做准备的。

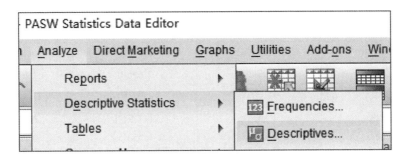

图 11.1　变量的描述统计

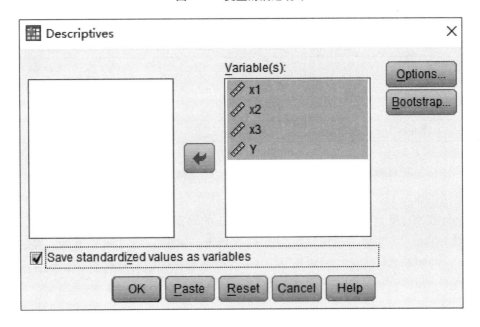

图 11.2　选中自变量和因变量

表 11.2　标准化后的自变量和因变量

$Zx1$	$Zx2$	$Zx3$	ZY
−1.50972	0.54571	−1.53319	−1.31852
−1.11305	0.48507	−1.20848	−1.20848
−0.76971	−0.12127	−0.80140	−0.63625

续表

$Zx1$	$Zx2$	$Zx3$	ZY
− 0. 63637	− 0. 12127	− 0. 62209	− 0. 61424
− 0. 45970	− 1. 33395	− 0. 37008	− 0. 68027
− 0. 12970	− 0. 66697	− 0. 09869	− 0. 32813
0. 25031	− 0. 72761	0. 30355	0. 17807
0. 59365	1. 39458	0. 69610	1. 01440
1. 05032	1. 03078	1. 09350	1. 36654
1. 24366	1. 09141	1. 19042	1. 25649
1. 48033	− 1. 57648	1. 35035	0. 97038

表 11.3　自变量和因变量的描述性统计量

	N	Minimum	Maximum	Mean	Std. Deviation
x1	11	149. 30	239. 00	194. 5909	29. 99952
x2	11	0. 70	5. 60	3. 3000	1. 64924
x3	11	108. 10	167. 60	139. 7364	20. 63440
Y	11	15. 90	28. 10	21. 8909	4. 54367
Valid N（listwise）	11				

在做主成分分析时，如果按照 SPSS 默认的选项，特征根 >1 来选取主成分，输出结果如表 11.4 所示，可以看到特征根 >1 的只有 1 个，贡献率为 66.638%，这个贡献率过低，不够理想。需要在图 11.3 的界面中手动选择 2 个主成分，点击 "continue"，主成分输出结果如表 11.5 所示。从表 11.5 中可以看到，提取两个主成分时的累计方差贡献率为 99.91%，原始数据的信息损失较少，做主成分回归较理想，后面的输出结果是在表 11.5 的基础上继续分析的。

表 11.4　方差的信息量

Component	Initial Eigenvalues			Extraction Sums of Squared Loadings		
	Total	% of Variance	Cumulative %	Total	% of Variance	Cumulative %
1	1. 999	66. 638	66. 638	1. 999	66. 638	66. 638
2	0. 998	33. 272	99. 910			
3	0. 003	0. 090	100. 000			

注：Extraction Method：Principal Component Analysis.

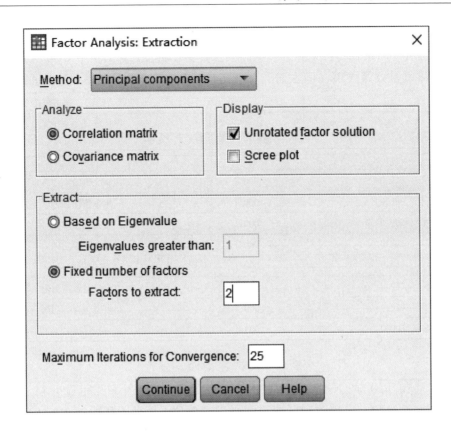

图 11.3 因子分析选择默认的"Principal componts"

表 11.5 方差信息量

Component		Initial Eigenvalues			Extraction Sums of Squared Loadings		
		Total	% of Variance	Cumulative %	Total	% of Variance	Cumulative %
dimension0	1	1.999	66.638	66.638	1.999	66.638	66.638
	2	0.998	33.272	99.910	0.998	33.272	99.910
	3	0.003	0.090	100.000			

注：Extraction Method：Principal Component Analysis.

将 SPSS 自动输出的因子载荷矩阵（见表 11.6）按照上一章的方式即可计算出两组主成分系数，如表 11.7 所示。据此可以写出提取前两个主成分的表达式，并计算出两个主成分的得分值，如表 11.8 所示。

$$F_1 = 0.70636 \, x_1^* + 0.0435 \, x_2^* + 0.70657 \, x_3^*$$

$$F_2 = -0.03569 \, x_1^* + 0.99911 \, x_2^* - 0.02583 \, x_3^*$$

表 11.6　因子载荷矩阵[a]

	Component	
	1	2
$x1$	0.999	−0.036
$x2$	0.062	0.998
$x3$	0.999	−0.026

注：Extraction Method：Principal Component Analysis.

a. 2 components extracted.

表 11.7　主成分系数表

第一主成分系数	第二主成分系数
0.70636	−0.03569
0.0435	0.99911
0.70657	−0.02583

表 11.8　两个主成分的得分

序号	第一主成分得分 $z1$	第二主成分得分 $z2$
1	−2.12597	0.638709
2	−1.61899	0.555578
3	−1.11521	−0.07299
4	−0.89433	−0.08238
5	−0.64423	−1.3068
6	−0.19036	−0.6592
7	0.359637	−0.74374
8	0.971838	1.354171
9	1.559377	0.964132
10	1.767063	1.015304
11	1.931186	−1.66279

六、实验过程 2——回归分析

（1）在菜单栏中依次打开"Transform"、"computer variable"，在"Target variable"中输入"z1"，在"numerical expression"中输入"0.70636 * zx1 + 0.0435 * zx2 + 0.70657 * zx3", 点击 "OK"。

(2) 打开 "transform"、"computer variable", 在 "Target variable" 中输入 "z2", 在 "numerical expression" 中输入 " - 0.03569 * zx1 + 0.99911 * zx2 - 0.02583 * zx3", 点击 "OK"。

(3) 点击 "Analyze"、"Regression"、"Linear", 在 "Dependent" 中选入 "zy", 在 "Independent" 中选入两个主成分 "z1, z2"。

(4) 点击 "statistics", 勾选 "estimates"、"Durbin - Watson"、"Casewise diagnostics"、"Model fit" 和 "Collinearity diagnostics", 点击 "continue"。

(5) 点击 "Plots", 选择 " * ZPRED" 入 "Y" 作为纵坐标; 选择 "DE-PENDNT" 入 "X" 作横坐标, 勾选 "Histogram" 和 "Normal Probability plot", 点击 "continue"。

(6) 点击 "save", 勾选两处 "unstandardized", 点击 "continue"。

(7) 点击 "options", 默认值, 点击 "continue"。

(8) 点击 "OK"。

七、结果分析 2——回归

根据 SPSS 输出的回归结果表 11.9 可知, 主成分 F_1 和 F_2 的回归系数分别为 0.690 和 0.191, 常数项 " - 4.348E - 7" 几乎为 0, 可以略去, 即

$$y^* = 0.690 F_1 + 0.191 F_2 \tag{11.4}$$

其中: $F_1 = 0.70636 x_1^* + 0.0435 x_2^* + 0.70657 x_3^*$ (11.5)

$F_2 = -0.03569 x_1^* + 0.99911 x_2^* - 0.02583 x_3^*$ (11.6)

表 11.9 回归系数表ᵃ

Model		Unstandardized Coefficients		Standardized Coefficients	t	Sig.
		B	Std. Error	Beta		
1	(Constant)	- 4.348E - 7	0.036		0.000	1.000
	z1	0.690	0.027	0.976	25.486	0.000
	z2	0.191	0.038	0.191	4.993	0.001

注: a. Dependent Variable: Zscore (Y).

根据式 (11.4) 至式 (11.6) 可以推算出主成分回归的标准回归方程为:

$$y^* = 0.4804 x_1^* + 0.2211 x_2^* + 0.4825 x_3^*$$

还原为原始标量表示:

$y = -9.130 + 0.0727\,x_1 + 0.6019\,x_2 + 0.1062\,x_3$。

因为：

$$\frac{y-\mu}{\sigma} = 0.4804 * \frac{x_1 - \mu_1}{\sigma_1} + 0.2211 * \frac{x_2 - \mu_2}{\sigma_2} + 0.4825 * \frac{x_3 - \mu_3}{\sigma_3}$$

故：

$$y = \mu + \sigma * \left[0.4804 * \frac{x_1 - \mu_1}{\sigma_1} + 0.2211 * \frac{x_2 - \mu_2}{\sigma_2} + 0.4825 * \frac{x_3 - \mu_3}{\sigma_3} \right]$$

$$= \left[\mu - \sigma * 0.4804 * \frac{\mu_1}{\sigma_1} - \sigma * 0.2211 * \frac{\mu_2}{\sigma_2} - \sigma * 0.4825 * \frac{\mu_3}{\sigma_3} \right] + \frac{0.4804 * \sigma}{\sigma_1} x_1 +$$

$$\frac{0.2211 * \sigma}{\sigma_2} x_2 + \frac{0.4825 * \sigma}{\sigma_3} x_3$$

其中 μ、μ_1、μ_2、μ_3、σ、σ_1、σ_2、σ_3 来自最开始的描述性统计表 11.3。

八、易错分析

注意：$(a * X_1 + b * X_2)^* \neq a * X_1^* + b * X_2^*$。

不妨验证 $(X_1 + X_2)^*$ 是否等于 $X_1^* + X_2^*$，验证结果两者是不等的，因为：

$$(X_1 + X_2)^* = \frac{X_1 + X_2 - E\,X_1 - E\,X_2}{Var(X_1 + X_2)}$$

$$= \frac{X_1 - E\,X_1}{Var(X_1 + X_2)} + \frac{X_2 - E\,X_2}{Var(X_1 + X_2)}$$

$$\neq \frac{X_1 - E\,X_1}{Var(X_1)} + \frac{X_2 - E\,X_2}{Var(X_2)}$$

$$= X_1^* + X_2^*$$

第十二章　上海房价变动

——多元线性回归分析

一、实验目的

（1）理解多元线性回归分析的基本原理，在此基础上学会使用 SPSS 实现多元线性回归分析的基本操作步骤。

（2）理解 SPSS 的输出结果，根据实际情况对回归结果进行正确的分析。

二、实验原理

多元线性回归分析主要是研究一个因变量与多个自变量之间的相互依赖关系。

一元线性关系：$y = \beta_0 + \beta_1 x + \varepsilon$，其中，$\varepsilon \sim N(0, \sigma^2)$，此即一元回归数学模型。

多元线性回归模型：

$$y = \beta_0 + \beta_1 x_1 + \cdots + \beta_p x_p + \varepsilon \tag{12.1}$$

现有 n 组观测数据：

$$(x_{11}, x_{12}, \cdots, x_{1p}; y_1)$$
$$(x_{21}, x_{22}, \cdots, x_{2p}; y_2)$$
$$\vdots$$
$$(x_{n1}, x_{n2}, \cdots, x_{np}; y_n)$$

代入式（12.1）中，得：

$$y_1 = \beta_0 + \beta_1 x_{11} + \cdots + \beta_p x_{1p} + \varepsilon_1$$
$$y_2 = \beta_0 + \beta_1 x_{21} + \cdots + \beta_p x_{2p} + \varepsilon_2$$
$$\vdots$$
$$y_n = \beta_0 + \beta_1 x_{n1} + \cdots + \beta_p x_{np} + \varepsilon_n$$

其中，$\varepsilon_1, \cdots, \varepsilon_n$ 独立，且 $\varepsilon_i \sim N(0, \sigma^2)$，$i = 1, 2, \cdots, n$。用矩阵表示如下：

$$
\begin{bmatrix} y_1 \\ y_2 \\ \vdots \\ y_n \end{bmatrix} = \begin{bmatrix} 1 & x_{11} & \cdots & x_{1p} \\ 1 & x_{21} & \cdots & x_{2p} \\ \vdots & \vdots & & \vdots \\ 1 & x_{n1} & \cdots & x_{np} \end{bmatrix} \begin{bmatrix} \beta_0 \\ \beta_1 \\ \vdots \\ \beta_p \end{bmatrix} + \begin{bmatrix} \varepsilon_1 \\ \varepsilon_2 \\ \vdots \\ \varepsilon_n \end{bmatrix} \tag{12.2}
$$

简写为：

$$Y = X\beta + \varepsilon \tag{12.3}$$

用最小二乘法求 β 的估计，为此解方程组：

$$\frac{\partial Q}{\partial \beta} = 0$$

其中，$Q = \sum\limits_{\alpha=1}^{n} (y_\alpha - \hat{y}_\alpha)^2$ 为误差平方和

$$\hat{y}_\alpha = \beta_0 + \beta_1 x_{\alpha 1} + \cdots + \beta_p x_{\alpha p}$$

因为：

$$Q = (Y - X\beta)'(Y - X\beta)$$

故：

$$\frac{\partial Q}{\partial \beta} = -Y'X - X'Y + 2X'X\beta = -2X'Y + 2X'X\beta = 0$$

即：

$$\hat{\beta} = (X'X)^{-1}X'Y \tag{12.4}$$

三、实验内容

采用上海 1998～2008 年城市人口密度、城市居民人均可支配收入、五年以上平均年贷款利率和房屋空置率作为解释变量，研究上海房价的变动因素，数据如表 12.1 所示。

表 12.1 上海房价的变动因素数据

年份	Y - 商品房平均售价（元/每平方米）	X_1 - 城市人口密度（人/平方公里）	X_2 - 城市居民人均可支配收入（元）	X_3 - 五年以上平均年贷款利率（%）	X_4 - 房屋空置率（%）
1998	3401	1654	8773	8.64	9.37
1999	3422	1672	10932	6.69	15.68
2000	3565	1757	11718	6.21	23.83

续表

年份	Y - 商品房平均售价（元/每平方米）	X_1 -城市人口密度（人/平方公里）	X_2 -城市居民人均可支配收入（元）	X_3 -五年以上平均年贷款利率（%）	X_4 -房屋空置率（%）
2001	3866	1950	12883	6.21	44.24
2002	4134	1959	13250	5.76	57.71
2003	5118	1971	14867	5.76	64.38
2004	5855	1970	16683	5.82	55.28
2005	6842	2718.2	18645	6.12	40.45
2006	7196	2774.2	20668	6.45	34.82
2007	8361	2931	23623	7.48	39.31
2008	8362	2640	26675	6.89	36.92

资料来源：《上海统计年鉴》。

四、实验过程

（1）打开 SPSS，点击菜单"open"，选择"data"，打开数据"房价多元线性回归.xls"。

（2）点击菜单"Analyze"，选择"Regression"、"Linear"（见图 12.1）。

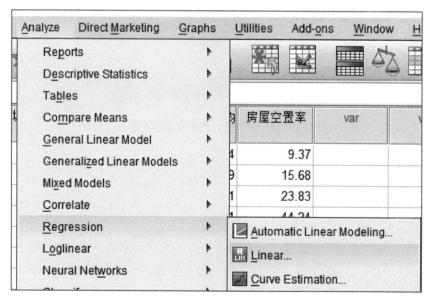

图 **12.1** **SPSS** 中多元线性回归的操作菜单

（3）在打开的窗口中将"商品房平均售价"选入"Dependent"（因变量），将"城市人口密度"、"城市居民人均可支配收入"、"五年以上平均年贷款利率"、"房屋空置率"选入"Independents"（自变量）。"Method"中选入"Enter"（全模型法）；把"年份"选入"Case Labels"作为标签变量（见图12.2）。

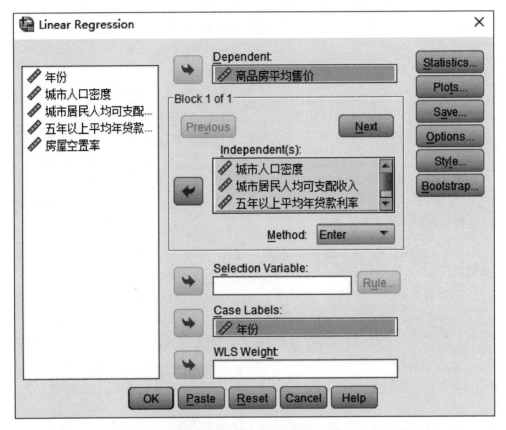

图 12.2　分别选入自变量和因变量

（4）点击"Statistics"，勾选"Regression Coefficients"（回归系数）栏中的"Estimates"；勾选"Residuals"中的"Durbin - Watson"和"Casewise diagnostics"默认；接着其余选项为"Model fit"、"Collinearity diagnostics"，点击"Continue"返回（见图12.3）。

（5）点击"Plots"，选择"*ZPRED"（标准化预测值）作为纵轴变量，选择"DEPENDNT"（因变量）作为横轴变量；勾选"Standardized Residual Plots"（标准化残差图）中的"Histogram"和"Normal probability plot"，点击"Continue"返回。

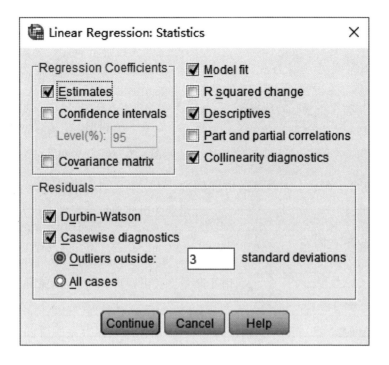

图 12.3　选择线性回归的统计量

（6）点击"Save"，勾选"Predicted Values"（预测值）和"Residuals"（残差）中的"Unstandardized"，点击"Continue"返回（见图 12.4）。

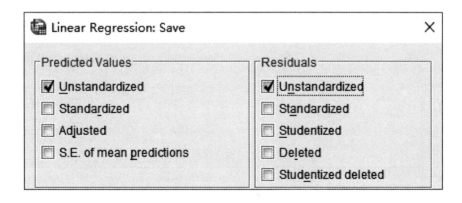

图 12.4　保存预测值和残差

（7）点击"Options"，默认选项即可，点击"Continue"返回。

（8）在主对话框点击"OK"，完成。

五、结果分析

引入/剔除变量：因为此处选择"Enter"，故所有变量都有效，若选择"Stepwise"则是逐步回归。表12.2是对解释变量和被解释变量的基本描述。表12.3的结果显示，选入的自变量为"房屋空置率"、"城市人口密度"、"五年以上平均年贷款利率"和"城市居民人均可支配收入"，即所有的解释变量都被选入，并未剔除任何一个解释变量。表12.3下方显示被解释变量为"商品房平均售价"。

表12.2 基本描述统计量

	Mean	Std. Deviation	N
商品房平均售价	5465.6364	1957.46588	11
城市人口密度	2181.4909	481.81951	11
城市居民人均可支配收入	16247.0000	5616.57323	11
五年以上平均年贷款利率	6.5482	0.87037	11
房屋空置率	38.3627	17.19919	11

表12.3 选入的解释变量[a]

Model	Variables Entered	Variables Removed	Method
1	房屋空置率、城市人口密度、五年以上平均年贷款利率、城市居民人均可支配收入[b]	0.	Enter

注：a. Dependent Variable：商品房平均售价。

b. All requested variables entered.

表12.4是对模型拟合程度统计量的汇总："R"是相关系数；"R Square"是相关系数的平方，又称判定系数，判定线性回归的拟合程度，用来说明用自变量解释因变量变异的程度（所占比例）。

表12.4 模型的拟合程度统计量[b]

Model	R	R Square	Adjusted R Square	Std. Error of the Estimate
1	0.989[a]	0.979	0.964	370.18559

注：a. Predictors：(Constant)，房屋空置率、城市人口密度、五年以上平均年贷款利率、城市居民人均可支配收入。

b. Dependent Variable：商品房平均售价。

表 12.5 显示，回归平方和为 37494502.340，残差平方和为 822224.205，总的平方和为 38316726.545，"F"值为 68.402，p 值"Sig"为 0.000，小于 0.01，表明线性模型显著。

表 12.5　方差分析信息表[a]

Model		Sum of Squares	DF	Mean Square	F	Sig.
1	Regression	37494502.340	4	9373625.585	68.402	0.000[b]
	Residual	822224.205	6	137037.368		
	Total	38316726.545	10			

注：a. Dependent Variable：商品房平均售价。

b. Predictors：（Constant），房屋空置率，城市人口密度，五年以上平均年贷款利率，城市居民人均可支配收入。

从表 12.6 中可以看到，回归系数在"B"这一列，易知多元线性回归方程可写为：

$$\hat{y} = -3242.851 + 1.213X_1 + 0.238X_2 + 268.771X_3 + 11.367X_4$$

其中，X_1、X_2、X_3、X_4 分别表示城市人口密度、城市居民人均可支配收入、五年以上平均年贷款利率和房屋空置率。

表 12.6　回归系数表[a]

Model		Unstandardized Coefficients		Standardized Coefficients	t	Sig.	Collinearity Statistics	
		B	Std. Error	Beta			Tolerance	VIF
1	（Constant）	-3242.851	1662.869		-1.950	0.099		
	城市人口密度	1.213	0.570	0.299	2.127	0.078	0.181	5.512
	城市居民人均可支配收入	0.238	0.050	0.683	4.759	0.003	0.174	5.756
	五年以上平均年贷款利率	268.771	204.495	0.120	1.314	0.237	0.433	2.312
	房屋空置率	11.367	10.790	0.100	1.053	0.333	0.398	2.513

注：a. Dependent Variable：商品房平均售价。

表 12.7 是对共线性的诊断：特征值最大为 4.778，其他依次快速减小，说明有多重共线性性。

表 12.7 共线性诊断^a

Model	Dimension	Eigenvalue	Condition Index	Variance Proportions				
				(Constant)	城市人口密度	城市居民人均可支配收入	五年以上平均年贷款利率	房屋空置率
1	1	4.778	1.000	0.00	0.00	0.00	0.00	0.00
	2	0.141	5.821	0.00	0.00	0.00	0.01	0.32
	3	0.073	8.108	0.01	0.01	0.12	0.02	0.04
	4	0.006	29.227	0.00	0.90	0.75	0.12	0.03
	5	0.003	42.226	0.99	0.09	0.12	0.86	0.61

注：a. Dependent Variable：商品房平均售价。

表 12.8 是残差统计量：标准化残差"Std. Residual"的最小值 −1.335，最大值 1.474 没有超过默认值 3，未发现奇异值。

表 12.8 残差统计量^a

	Minimum	Maximum	Mean	Std. Deviation	N
Predicted Value	3279.9631	8578.6338	5465.6364	1936.34972	11
Residual	−494.26529	545.62244	0.00000	286.74452	11
Std. Predicted Value	−1.129	1.608	0.000	1.000	11
Std. Residual	−1.335	1.474	0.000	0.775	11

注：a. Dependent Variable：商品房平均售价。

图 12.5 是输出标准化残差图，用以判断标准化残差是否呈正态分布。

图 12.6 是残差直方图，可直观反应商品房平均售价走势。

图 12.7 是回归标准化的正态 P−P 图，该图给出了观测值的残差分布与假设的正态分布的比较，由图可知标准化残差散点分布靠近直线，因而可判断标准化残差呈正态分布。

图 12.8 是因变量与回归标准化预测值的散点图，该图显示的是因变量与回归标准化预测值的散点图，其中"DEPENDENT"为 X 轴变量，"∗ZPRED"为 Y 轴变量。由图可见，两变量呈直线趋势。

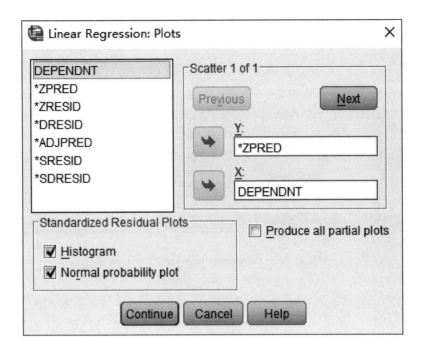

图 12.5 输出残差图

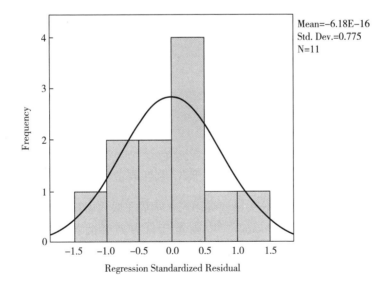

图 12.6 残差直方图

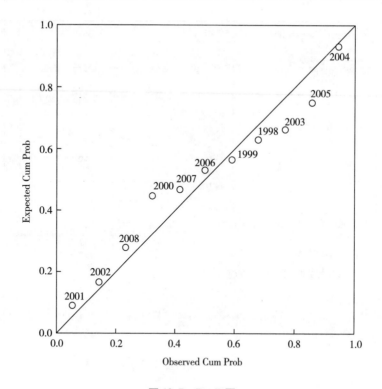

图 12.7　P - P 图

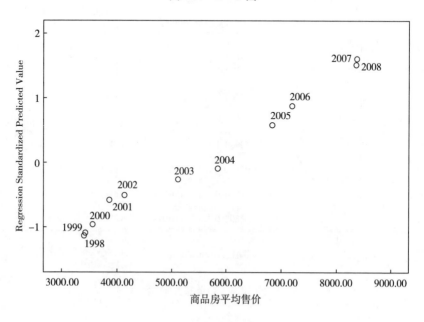

图 12.8　散点图

注意：在本例中，"Method"选择的是"Enter"（见图12.2），即所有变量都进入模型，不考虑对自变量的筛选问题。"Sig."越接近0越好。"R Square"衡量方程拟合优度，一般而言越大越好，大于0.8说明方程对样本点的拟合效果很好，0.5~0.8也可以接受，需要根据实际问题具体分析。P–P图（Probability – Probability或Percent – Percent）是根据变量的累计比例与指定分布的累计比例之间的关系所绘制的图形，通过P–P图可以检验数据是否符合指定的分布。当数据符合指定分布时，P–P图中各点近似呈一条直线。如果P–P图中各点不呈直线，但有一定规律，可以对变量数据进行转换，使转换后的数据更接近指定分布。

六、名词解释

（1）Stepwise：表示需要筛选自变量。

（2）Estimates：输出回归系数和相关统计量。

（3）Durbin – Watson：检验残差间的相互独立性。

（4）Casewise Diagnostic：输出满足选择条件的观测量的相关信息。

（5）Model Fit：输出相关系数、相关系数平方、调整系数、估计标准误差和ANOVA表。

（6）DEPENDNT（因变量），＊ZPRED（标准化预测值），＊ZRESID（标准化残差），＊ADJPRED（调节预测值），＊SRESID（学生氏化预测值），＊SDRESID（学生氏化删除残差）。

（7）Histogram：用直方图显示标准化残差。

（8）Normal Probability Plots：比较标准化残差与正态残差的分布示意图。

（9）Predicted Values – Unstandardized：非标准化预测值。选择该项后，在当前数据文件中新增加一个以字符"PRE_"开头命名的变量，存放根据回归模型拟合的预测值。

（10）Residuals – Unstandardized：非标准化残差。

（11）Tolerance：变量的容差或容忍度，衡量多重共线性的容忍度，标准一般是0.1，小于0.1，表明多重共线性严重，要对共线性问题进行处理。

（12）VIF：方差膨胀因子，是容差的倒数。

第十三章　水泥释放热量

——多元逐步线性回归分析

一、实验目的

（1）熟练使用 SPSS 实现多元逐步线性回归分析（Stepwise）。

（2）理解实验结果，并能够结合实际情况对逐步回归结果进行合理的分析和解释。

二、实验原理

（1）基本思想：逐个引入自变量。每次引入对 Y 影响最显著的自变量，并对方程中已经引入的变量逐个进行检验，从方程中逐个剔除由于新变量的引入而变得不显著的自变量，最终保留在方程中的变量是对 Y 影响显著的变量，而不再包含对 Y 影响不显著的变量。

（2）变量筛选的过程：给出引入变量的显著性水平 α_{in} 和剔除变量的显著性水平 α_{out}，按图 13.1 筛选变量。

（3）基本步骤：设因变量 Y 与 m 个自变量 x_1，x_2，…，x_m 满足多元线性回归模型。从逐步回归的基本思想和图 13.1 可知，逐步筛选变量的过程主要包括两个基本步骤：一是从回归方程中考虑剔除不显著的变量；二是从不在方程中的变量中考虑引入新变量。

1）考虑可否剔除变量的基本步骤：假设已引入回归方程的变量为 x_{i_1}，x_{i_2}，…，x_{i_r} （$r \leqslant m$）。

①计算已在方程中变量 x_{i_k} 的偏回归平方和 P_{i_k} 及偏 $R_{i_k}^2$：

$$P_{i_k} = Q(i_1，\cdots，i_{k-1}，i_{k+1}，\cdots，i_r) - Q(i_1，\cdots，i_r)$$
$$= U(i_1，\cdots，i_r) - U(i_1，\cdots，i_{k-1}，i_{k+1}，\cdots，i_r)$$

$$偏 R_{i_k}^2 = R^2(i_1，\cdots，i_r) - R^2(i_1，\cdots，i_{k-1}，i_{k+1}，\cdots，i_r)$$
$$= P_{i_k}/l_{yy}(k=1，\cdots，r)$$

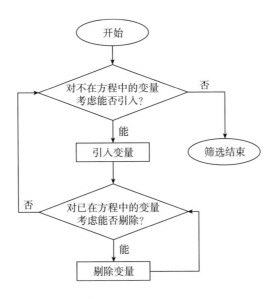

图 13.1　逐步回归流程

其中，Q（·）（或 U（·）或 R^2（·））表示包含括号中这些变量的回归模型的残差平方和（或回归平方和或决定系数）。设

$$P_{i_0} = \min(P_{i_1}, \cdots, P_{i_r})$$

即相应的变量 x_{i_0} 是方程中对 Y 影响最小的变量。

②检验 x_{i_0} 对 Y 的影响是否显著。对变量 x_{i_0} 进行回归系数的显著性检验，即检验 $H_0: \beta_{i_0} = 0$，检验统计量为：

$$F_{i_0} = \frac{P_{i_0}}{Q(i_1, \cdots, i_r)/(n-r-1)} \tag{13.1}$$

及

$$p = P\{F \geqslant F_{i_0}\}$$

其中，$F \sim F(1, n-r-1)$。

若 $p \geqslant \alpha_{out}$，则剔除 x_{i_0}，重新建立 Y 与其余 $r-1$ 个变量的回归方程，然后再检验方程中最不重要的变量可否剔除，直到方程中没有变量可剔除后，转入考虑能否引入新变量的步骤。

若 $p < \alpha_{out}$，不能剔除 x_{i_0}，转入考虑能否引入新变量的步骤。

2）考虑可否引入新变量的基本步骤：假设已入选 r 个变量，不在方程中的变量记为 $x_{j_1}, \cdots, x_{j_{m-r}}$。

①计算不在方程中的变量 x_{j_k} 的偏回归平方和 P_{j_k} 及偏 $R^2_{j_k}$：

$$P_{j_k} = Q(i_1, \cdots, i_r) - Q(i_1, \cdots, i_r, j_k)$$

偏$R_{j_k}^2 = P_{j_k}/l_{yy}(k = 1, 2, \cdots, m - r)$

并设

$P_{j_0} = \max(P_{j_1}, \cdots, P_{j_{m-r}})$，即不在方程中的变量$x_{j_0}$是对 Y 影响最大的变量。

②检验变量x_{j_0}对 Y 的影响是否显著。对变量x_{j_0}作回归系数的显著性检验，即检验$H_0: \beta_{j_0} = 0$，检验统计量为：

$$F_{j_0} = \frac{P_{j_0}}{Q(i_1, \cdots, i_r, j_0)/(n - r - 2)} \tag{13.2}$$

及

$p = P\{F \geqslant F_{j_0}\}$

其中，$F \sim F(1, n - r - 2)$。

若$p < \alpha_{in}$，则引入x_{j_0}，并转入考虑可否剔除变量的步骤。

若$p \geqslant \alpha_{in}$，则逐步筛选变量的过程结束。

③假设用逐步筛选变量的过程得到 r 个变量$x_{i_1}, x_{i_2}, \cdots, x_{i_r}$，再建立 Y 与这 r 个变量的回归方程。

三、实验内容

设某种水泥在凝固时所释放的热量 Y（卡/克）与水泥中下列四种化学成分有关：

X1 表示 $3CaO \cdot Al_2O_3$ 的成分（%）。

X2 表示 $3CaO \cdot SiO_2$ 的成分（%）。

X3 表示 $4CaO \cdot Al_2O_3 \cdot Fe_2O_3$ 的成分（%）。

X4 表示 $2CaO \cdot SiO_3$ 的成分（%）。

共观测了 13 组数据。试求出 Y 与 X1、X2、X3、X4 的回归方程，并对该回归方程和各个回归系数进行检验（见表 13.1）。

表 13.1 水泥释放热量 Y 与四种化学成分

X1	X2	X3	X4	Y
7	26	6	60	78.5
1	29	15	52	74.3
11	56	8	20	104.3
11	31	8	47	87.6
7	52	6	33	95.9

续表

X1	X2	X3	X4	Y
11	55	9	22	109.2
3	71	17	6	102.7
1	31	22	44	72.5
2	54	18	22	93.1
21	47	4	26	115.9
1	40	23	34	83.8
11	66	9	12	113.3
10	68	8	12	109.4

资料来源：高惠璇. 应用多元统计分析［M］. 北京：北京大学出版社，2016.

四、全模型法的实验过程

（1）打开 SPSS，点击菜单"open"，选择"data"，打开数据"cement. sav"，也可以根据表 13.1 中的数据自己创建 SPSS 数据。

（2）点击菜单"Analyze"，选择"Regression"、"Linear"。

（3）在打开的窗口中将"Y"选入"Dependent"（因变量），将"X1、X2、X3、X4"选入"Independents"（自变量）（见图 13.2）。"Method"中选入"Enter"（全模型法）。

（4）点击"Statistics"，勾选"Regression Coefficients"（回归系数）栏中的"Estimates"；勾选"Residuals"中的"Durbin‑Watson"和"Casewise diagnostics"默认；接着其余选项为"Model fit"、"Collinearity diagnostics"，点击"Continue"返回（见图 13.3）。

（5）点击"Plots"，选择"＊ZPRED"（标准化预测值）作为纵轴变量，选择"DEPENDNT"（因变量）作为横轴变量；勾选"Standardized Residual Plots"（标准化残差图）中的"Histogram"和"Normal probability plot"，点击"Continue"返回（见图 13.4）。

（6）点击"Save"，勾选"Predicted Values"（预测值）和"Residuals"（残差）中的"Unstandardized"，点击"Continue"返回。

（7）点击"Options"，保持默认选项，点击"Continue"返回。

（8）在主对话框点击"OK"，完成。

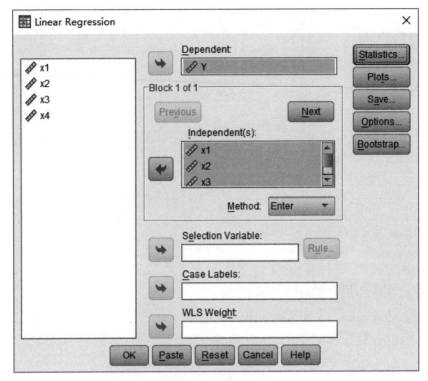

图 13.2　全模型回归

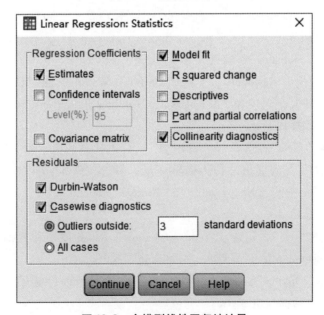

图 13.3　全模型线性回归统计量

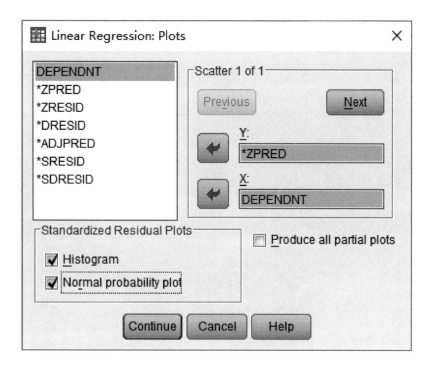

图 13.4　标准化残差图

结果分析 1：（此处略）和上海房价的回归分析模型的输出结果类似，可以参考。

五、逐步回归分析法实验过程

（1）打开 SPSS，点击菜单"open"，选择"data"，打开数据"cement. sav"。

（2）点击菜单"Analyze"，选择"Regression"、"Linear"。

（3）在打开的窗口中将"Y"选入"Dependent"（因变量），将"X1、X2、X3、X4"选入"Independents"（自变量）（见图 13.5）。"Method"中选入"Stepwise"（逐步分析法）。

（4）点击"Statistics"，勾选"Regression Coefficients"（回归系数）栏中的"Estimates"；勾选"Residuals"中的"Durbin – Watson"和"Casewise diagnostics"默认；接着其余选项为"Model fit"、"Collinearity diagnostics"，点击"Continue"返回。

（5）点击"Plots"，选择"∗ZPRED"（标准化预测值）作为纵轴变量，选择"DEPENDNT"（因变量）作为横轴变量；勾选"Standardized Residual Plots"

（标准化残差图）中的"Histogram"和"Normal probability plot"，点击"Continue"返回（见图 13.6）。

（6）点击"Save"，勾选"Predicted Values"（预测值）和"Residuals"（残差）中的"Unstandardized"，点击"Continue"返回。

（7）点击"Options"，在"Stepping Method Criteria"中选择第一个"Use probability of F"，将 Entry 设置为 0.10，将 Removal 设置为 0.11，点击"Continue"返回（见图 13.7）。

（8）在主对话框点击"OK"，完成。

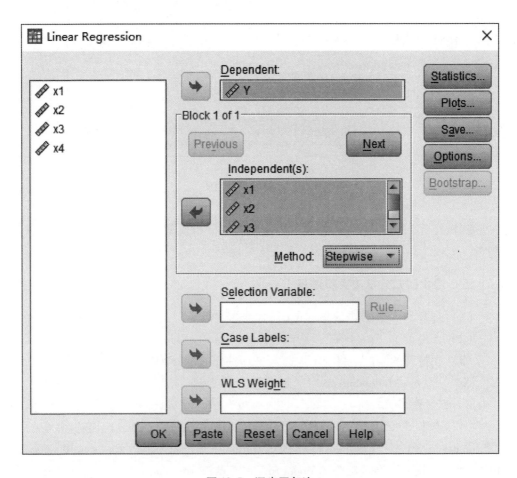

图 13.5 逐步回归法

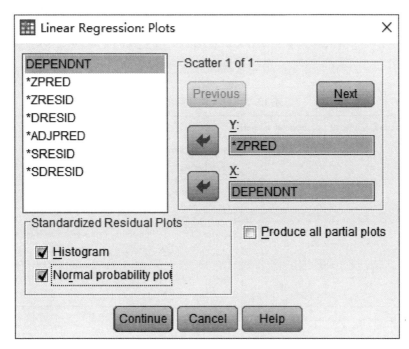

图 13.6 标准化残差图

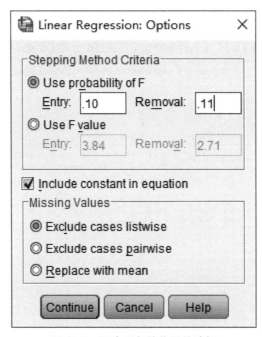

图 13.7 逐步回归的临界值选择

结果分析 2：

（1）变量的引入和剔除：表 13.2 显示第一步引入的变量 $X4$，第二步引入变量 $X1$，第三步引入变量 $X2$，第四步剔除 $X4$。

表 13.2　引入和剔除的变量^a

Model		Variables Entered	Variables Removed	Method
0	1	X4	0.	Stepwise（Criteria：Probability – of – F – to – enter ＜＝.100，Probability – of – F – to – remove ＞＝.110）.
	2	X1	0.	Stepwise（Criteria：Probability – of – F – to – enter ＜＝.100，Probability – of – F – to – remove ＞＝.110）.
	3	X2	0.	Stepwise（Criteria：Probability – of – F – to – enter ＜＝.100，Probability – of – F – to – remove ＞＝.110）.
	4	0.	X4	Stepwise（Criteria：Probability – of – F – to – enter ＜＝.100，Probability – of – F – to – remove ＞＝.110）.

注：a. Dependent Variable：Y

引入变量和剔除变量导致 R^2 发生改变，R^2 值越大表示该线性模型对因变量的解释能力越强（见表 13.3）。

表 13.3　引入和剔除变量后模型拟合程度的变化^e

Model		R	R Square	Adjusted R Square	Std. Error of the Estimate	Durbin – Watson
dimension0	1	0.821^a	0.675	0.645	8.9639	
	2	0.986^b	0.972	0.967	2.7343	
	3	0.991^c	0.982	0.976	2.3087	
	4	0.989^d	0.979	0.974	2.4063	1.922

注：a. Predictors：（Constant），X4；

b. Predictors：（Constant），X4，X1；

c. Predictors：（Constant），X4，X1，X2；

d. Predictors：（Constant），X1，X2；

e. Dependent Variable：Y。

（2）回归系数：从表 13.4 的最后三行可知，逐步回归法最终保留变量 $X1$、$X2$，剔除了变量 $X3$、$X4$，即线性回归表达式为：

$$Y = 52.577 + 1.468X1 + 0.662X2$$

由表 13.4 中的膨胀系数 VIF 可知 $X2$ 与 $X4$ 有很强的共线性。

表 13.4　逐步回归系数表[a]

Model		Unstandardized Coefficients		Standardized Coefficients	t	Sig.	Collinearity Statistics	
		B	Std. Error	Beta			Tolerance	VIF
1	(Constant)	117. 568	5. 262		22. 342	0. 000		
	x4	− 0. 738	0. 155	− 0. 821	− 4. 775	0. 001	1. 000	1. 000
2	(Constant)	103. 097	2. 124		48. 540	0. 000		
	x4	− 0. 614	0. 049	− 0. 683	− 12. 621	0. 000	0. 940	1. 064
	x1	1. 440	0. 138	0. 563	10. 403	0. 000	0. 940	1. 064
3	(Constant)	71. 648	14. 142		5. 066	0. 001		
	x4	− 0. 237	0. 173	− 0. 263	− 1. 365	0. 205	0. 053	18. 940
	x1	1. 452	0. 117	0. 568	12. 410	0. 000	0. 938	1. 066
	x2	0. 416	0. 186	0. 430	2. 242	0. 052	0. 053	18. 780
4	(Constant)	52. 577	2. 286		22. 998	0. 000		
	x1	1. 468	0. 121	0. 574	12. 105	0. 000	0. 948	1. 055
	x2	0. 662	0. 046	0. 685	14. 442	0. 000	0. 948	1. 055

注：a. Dependent Variable：Y

剔除的变量列在表 13.5 中。

表 13.5　剔除的变量列表[e]

Model		Beta In	t	Sig.	Partial Correlation	Collinearity Statistics		
						Tolerance	VIF	Minimum Tolerance
1	x1	0. 563[a]	10. 403	0. 000	0. 957	0. 940	1. 064	0. 940
	x2	0. 322[a]	0. 415	0. 687	0. 130	0. 053	18. 741	0. 053
	x3	− 0. 511[a]	− 6. 348	0. 000	− 0. 895	0. 999	1. 001	0. 999
2	x2	0. 430[b]	2. 242	0. 052	0. 599	0. 053	18. 780	0. 053
	x3	− 0. 175[b]	− 2. 058	0. 070	− 0. 566	0. 289	3. 460	0. 272
3	x3	0. 043[c]	0. 135	0. 896	0. 048	0. 021	46. 868	0. 004
4	x3	0. 106[d]	1. 354	0. 209	0. 411	0. 318	3. 142	0. 308
	x4	− 0. 263[d]	− 1. 365	0. 205	− 0. 414	0. 053	18. 940	0. 053

注：a. Predictors in the Model：(Constant)，X4；

b. Predictors in the Model：(Constant)，X4，X1；

c. Predictors in the Model：(Constant)，X4，X1，X2；

d. Predictors in the Model：(Constant)，X1，X2；

e. Dependent Variable：Y。

（3）共线性诊断：条件指数（Condition Index）大于 30 说明有很强的共线性，如第 3 个模型中维度 4 为 51.519。方差比例（Variance Proportions）在同一行（同一特征值下）中有几个变量的方差贡献较大（大于 50%），则说明这几个变量间存在共线性，如第 3 个模型 X4 与 X2 存在较强的共线性，因为方差贡献分别为 0.98 和 0.99（见表 13.6）。

表 13.6　共线性诊断[a]

	Model		Dimension	Eigenvalue	Condition Index	Variance Proportions			
						(Constant)	X4	X1	X2
dimension0	1	dimension1	1	1.881	1.000	0.06	0.06		
			2	0.119	3.982	0.94	0.94		
	2	dimension1	1	2.545	1.000	0.02	0.03	0.04	
			2	0.375	2.607	0.00	0.21	0.55	
			3	0.080	5.633	0.98	0.76	0.41	
	3	dimension1	1	3.396	1.000	0.00	0.00	0.02	0.00
			2	0.393	2.939	0.00	0.02	0.34	0.00
			3	0.210	4.026	0.00	0.01	0.63	0.01
			4	0.001	51.519	1.00	0.98	0.01	0.99
	4	dimension1	1	2.705	1.000	0.01		0.04	0.01
			2	0.250	3.290	0.05		0.96	0.05
			3	0.045	7.760	0.93		0.00	0.94

注：a. Dependent Variable：Y

第十四章　因子分析

一、实验目的

（1）学会使用 SPSS 实现因子分析，深入理解其实验原理，并注意因子分析和主成分分析的不同之处。

（2）学会分析因子分析的实验结果，能结合具体情况得出合理结论。

二、实验原理

R 型因子分析的数学模型如下：

$$
\begin{cases}
X_1 = a_{11}F_1 + a_{12}F_2 + \cdots + a_{1m}F_m + \varepsilon_1 \\
X_2 = a_{21}F_1 + a_{22}F_2 + \cdots + a_{2m}F_m + \varepsilon_2 \\
\vdots \\
X_p = a_{p1}F_1 + a_{p2}F_2 + \cdots + a_{pm}F_m + \varepsilon_p
\end{cases}
\tag{14.1}
$$

用矩阵表示：

$$
\begin{bmatrix} X_1 \\ X_2 \\ \vdots \\ X_p \end{bmatrix}
=
\begin{bmatrix}
a_{11} & a_{12} & \cdots & a_{1m} \\
a_{21} & a_{22} & \cdots & a_{2m} \\
\vdots & \vdots & & \vdots \\
a_{p1} & a_{p2} & \cdots & a_{pm}
\end{bmatrix}
\begin{bmatrix} F_1 \\ F_2 \\ \vdots \\ F_m \end{bmatrix}
+
\begin{bmatrix} \varepsilon_1 \\ \varepsilon_2 \\ \vdots \\ \varepsilon_p \end{bmatrix}
\tag{14.2}
$$

简记为：

$$
X_{(p \times 1)} = A_{(p \times m)} F_{(m \times 1)} + \varepsilon_{(p \times 1)}
$$

满足：

（1）$m \leqslant p$。

（2）$Cov(F, \varepsilon) = 0$，即 F 和 ε 是不相关的。

（3）$D(F) = \begin{bmatrix} 1 & & & 0 \\ & 1 & & \\ & & \ddots & \\ 0 & & & 1 \end{bmatrix} = I_m$，即 F_1，F_2，$\cdots$，F_m 不相关，且方差皆

为 1，$D(\varepsilon) = \begin{bmatrix} \sigma_1^2 & & & 0 \\ & \sigma_2^2 & & \\ & & \ddots & \\ 0 & & & \sigma_p^2 \end{bmatrix}$，即 ε_1，$\cdots$，ε_p 不相关，且方差不同。

其中，$(X_1, \cdots, X_p)'$ 是可观测的 p 个指标所构成的 p 维随机向量。

$F = (F_1, \cdots, F_m)'$ 是不可观测的向量，F 称为 X 的公共因子或潜因子，即前文所说的综合变量，可以把它们理解为在高维空间中的互相垂直的 m 个坐标轴。

a_{ij} 称为因子载荷，是第 i 个变量在第 j 个公共因子上的负荷。如果把变量 X_i 看成 m 维因子空间中的一个向量，则 a_{ij} 表示 X_i 在坐标轴 F_j 上的投影，矩阵 A 称为因子载荷矩阵。

ε 称为 X 的特殊因子，通常理论上要求 ε 的协方差阵是对角阵，ε 中包括了随机误差。

理论分析有如下三个结论：

（1）一般设 $\hat{\lambda}_1 \geqslant \hat{\lambda}_2 \geqslant \cdots \geqslant \hat{\lambda}_p$ 为样本相关阵 R 的特征根，相应的标准正交化特征向量为：$\hat{u}_1$，$\cdots$，$\hat{u}_p$，设 $m < p$，则因子载荷阵的估计 $\hat{A} = (\hat{a}_{ij})$，即 $A = \sqrt{\hat{\lambda}_1}$ $\hat{u}_1$，$\cdots$，$\sqrt{\hat{\lambda}_m}\hat{u}_m$。

（2）如果公共因子有 m 个，则需要逐次对每两个公共因子进行上述旋转，也就是说对每两个因子所决定的因子面：$F_k - F_j$（$k = 1$，$\cdots$，$(m-1)$；$j = k + 1$，$\cdots$，m）正交旋转一个角度 φ_{kj}，每次的转角 φ_{kj} 必须满足使旋转后所得到的因子载荷阵的总方差达到最大值。即

$$A_{p \times m} = \begin{bmatrix} a_{11} & a_{12} & \cdots & a_{1m} \\ a_{21} & a_{22} & \cdots & a_{2m} \\ \vdots & \vdots & & \vdots \\ a_{p1} & a_{p2} & \cdots & a_{pm} \end{bmatrix} \xRightarrow{T_{kj}} B_{p \times m} = \begin{bmatrix} b_{11} & b_{12} & \cdots & b_{1m} \\ b_{21} & b_{22} & \cdots & b_{2m} \\ \vdots & \vdots & & \vdots \\ b_{p1} & b_{p2} & \cdots & b_{pm} \end{bmatrix}$$

使 $V = \sum_{j=1}^{m} V_j = \sum_{j=1}^{m} \left[\frac{1}{p} \sum_{i=1}^{p} (b_{ij}^2)^2 - \left(\frac{1}{p} \sum_{i=1}^{p} b_{ij}^2 \right)^2 \right]$ 达到最大，其中 T_{kj} 为如下的正交阵：

$$
T_{kj_{m \times m}} = \begin{bmatrix} 1 & & & & & & & & \\ & \ddots & & & & & & & \\ & & 1 & & & & & & \\ & & & \cos\varphi & & & -\sin\varphi & & \\ & & & & 1 & & & & \\ & & & & & \ddots & & & \\ & & & & & & 1 & & \\ & & & \sin\varphi & & & \cos\varphi & & \\ & & & & & & & 1 & \\ & & & & & & & & \ddots \\ & & & & & & & & & 1 \end{bmatrix} .
$$

没有标明的元素均为 0，A 经过 T_{kj} 旋转（变换）后，矩阵 $B = A\, T_{kj}$，其元素为：

$$b_{ik} = a_{ik}\cos\varphi + a_{ij}\sin\varphi$$

$$b_{ij} = a_{ij}\cos\varphi + a_{ij}\cos\varphi,\ i = 1,\ \cdots,\ p$$

$$b_{il} = a_{il},\ l \neq k,\ j$$

其中，旋转角度仍按公式求得如下：

$$\tan 4\varphi = \frac{D - 2AB/p}{C - (A^2 - B^2)/p}$$

（3）在实际应用中，经过若干次旋转之后，若相对方差改变不大，则停止旋转，得：

$$B_{(k)} = A \prod_{i=1}^{k} C_i = AC$$

即为旋转后的因子载荷矩阵。

因子得分 $\hat{F} = A'R^{-1}X$，其中 X 为标准化后的数据。

三、实验内容

对全国 30 个省区市经济发展基本情况的八项指标作因子分析，原始数据如表 14.1 所示。

表 14.1　30 个省区市经济发展基本情况的八项指标

	X1	X2	X3	X4	X5	X6	X7	X8
北京	1394.89	2505	519.01	8144	373.9	117.3	112.6	843.43

续表

	X1	X2	X3	X4	X5	X6	X7	X8
天津	920.11	2720	345.46	6501	342.8	115.2	110.6	582.51
河北	2849.52	1258	704.87	4839	2033.3	115.2	115.8	1234.85
山西	1092.48	1250	290.90	4721	717.3	116.9	115.6	697.25
内蒙古	832.88	1387	250.23	4134	781.7	117.5	116.8	419.39
辽宁	2793.37	2397	387.99	4911	1371.1	116.1	114.0	1840.55
吉林	1129.2	1872	320.45	4430	497.4	115.2	114.2	762.47
黑龙江	2014.53	2334	435.73	4145	824.8	116.1	114.3	1240.37
上海	2462.57	5343	996.48	9279	207.4	118.7	113.0	1642.95
江苏	5155.25	1926	1434.95	5943	1025.5	115.8	114.3	2026.64
浙江	3524.79	2249	1006.39	6619	754.4	116.6	113.5	916.59
安徽	2003.58	1254	474.00	4609	908.3	114.8	112.7	824.14
福建	2160.52	2320	553.97	5857	609.3	115.2	114.4	433.67
江西	1205.11	1182	282.84	4211	411.7	116.9	115.9	571.84
山东	5002.34	1527	1229.55	5145	1196.6	117.6	114.2	2207.69
河南	3002.74	1034	670.35	4344	1574.4	116.5	114.9	1367.92
湖北	2391.42	1527	571.68	4685	849.0	120.0	116.6	1220.72
湖南	2195.70	1408	422.61	4797	1011.8	119.0	115.5	843.83
广东	5381.72	2699	1639.83	8250	656.5	114.0	111.6	1396.35
广西	1606.15	1314	382.59	5105	556.0	118.4	116.4	554.97
海南	364.17	1814	198.35	5340	232.1	113.5	111.3	64.33
四川	3534.00	1261	822.54	4645	902.3	118.5	117.0	1431.81
贵州	630.07	942	150.84	4475	301.1	121.4	117.2	324.72
云南	1206.68	1261	334.00	5149	310.4	121.3	118.1	716.65
西藏	55.98	1110	17.87	7382	4.2	117.3	114.9	5.57
陕西	1000.03	1208	300.27	4396	500.9	119.0	117.0	600.98
甘肃	553.35	1007	114.81	5493	507.0	119.8	116.5	468.79
青海	165.31	1445	47.76	5753	61.6	118.0	116.3	105.80
宁夏	169.75	1355	61.98	5079	121.8	117.1	115.3	114.40
新疆	834.57	1469	376.95	5348	339.0	119.7	116.7	428.76

注：X1 表示 GDP；X2 表示居民消费水平；X3 表示固定资产投资；X4 表示职工平均工资；X5 表示货物周转量；X6 表示居民消费价格指数；X7 表示商品零售价格指数；X8 表示工业总产值。

资料来源：任雪松，于秀林. 多元统计分析［M］. 北京：中国统计出版社，2013.

四、实验过程

（1）建立数据。

（2）依次选择菜单及子菜单"Analyze"、"Dimension Reduction"、"Factor"，并在"Factor Analysis"中将变量"X1，…，X8"选入"Variables"栏。

（3）点击"Decriptives"打开子对话框，选择"Initial solution"、"Coefficients"和"KMO and Bartlett's test of sphericity"，点击"Continue"返回。

（4）点击"Extraction"打开子对话框，选择"Scree plot"，在"Eigenvalues over"中填1，其余都按系统默认，点击"Continue"返回。

（5）点击"Rotation"打开子对话框，选择"Varimax"、"Rotated solution"和"Loading plot（s）"，点击"Continue"返回（见图14.1）。

（6）点击"OK"打开子对话框，选择"Save as variables"下面的"Regression"和"Display factor score coefficient matrix"，点击"Continue"返回。

（7）点击"OK"提交系统执行，在输出窗口中显示结果清单。

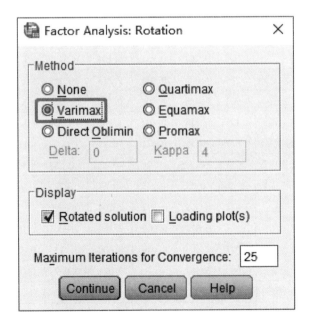

图14.1　选择方差最大化的正交旋转

五、结果分析

进行因子分析的前提是部分变量之间存在较高程度的相关性，表14.2中的

KMO 和 Bartlett 检验是在做分析之前变量间相关性的检验。KMO 统计量的取值介于 0 和 1 之间。如果 KMO 统计量的数值接近 0,则意味着偏相关系数远大于简单相关系数,此时变量的相关性分布较为均匀,没有出现一部分变量形成局部高度相关的情况,不适合进行降维分析;反之,如果 KMO 接近 1,则适合进行降维分析,此处 KMO = 0.618。一般认为高于 0.6 是可以做因子分析的,但视具体情况具体分析。Bartlett 球形检验的原假设是原始变量之间彼此无关。此处 $p = 0.000 < 0.05$,故拒绝原假设,说明变量之间是有相关性的。

表 14.2　KMO 和 Bartlett 检验

Kaiser – Meyer – Olkin Measure of Sampling Adequacy.		0.618
Bartlett's Test of Sphericity	Approx. Chi – Square	231.670
	df	28
	Sig.	0.000

表 14.3　相关系数阵[a]

		GDP	居民消费水平	固定资产投资	职工平均工资	货物周转量	居民消费价格指数	商品零售价格指数	工业总产值
Correlation	GDP	1.000	0.267	0.951	0.191	0.617	−0.273	−0.264	0.874
	居民消费水平	0.267	1.000	0.426	0.718	−0.151	−0.235	−0.593	0.363
	固定资产投资	0.951	0.426	1.000	0.400	0.431	−0.280	−0.359	0.792
	职工平均工资	0.191	0.718	0.400	1.000	−0.356	−0.135	−0.539	0.104
	货物周转量	0.617	−0.151	0.431	−0.356	1.000	−0.253	0.022	0.659
	居民消费价格指数	−0.273	−0.235	−0.280	−0.135	−0.253	1.000	0.763	−0.125
	商品零售价格指数	−0.264	−0.593	−0.359	−0.539	0.022	0.763	1.000	−0.192
	工业总产值	0.874	0.363	0.792	0.104	0.659	−0.125	−0.192	1.000
Sig. (1 – tailed)	GDP		0.077	0.000	0.157	0.000	0.073	0.080	0.000
	居民消费水平	0.077		0.009	0.000	0.213	0.106	0.000	0.024
	固定资产投资	0.000	0.009		0.014	0.009	0.067	0.026	0.000
	职工平均工资	0.157	0.000	0.014		0.027	0.239	0.001	0.292
	货物周转量	0.000	0.213	0.009	0.027		0.089	0.455	0.000
	居民消费价格指数	0.073	0.106	0.067	0.239	0.089		0.000	0.255
	商品零售价格指数	0.080	0.000	0.026	0.001	0.455	0.000		0.155
	工业总产值	0.000	0.024	0.000	0.292	0.000	0.255	0.155	

注：a. Determinant = .000

从表14.3中可以发现，部分变量之间确实存在相关性，如GDP与固定资产投资之间的相关系数是0.951，GDP与工业总产值之间的相关系数是0.874，且都比较显著。

表14.4 各变量信息提取百分比

	Initial	Extraction
GDP	1.000	0.945
居民消费水平	1.000	0.800
固定资产投资	1.000	0.902
职工平均工资	1.000	0.875
货物周转量	1.000	0.857
居民消费价格指数	1.000	0.957
商品零售价格指数	1.000	0.929
工业总产值	1.000	0.903

注：Extraction Method：Principal Component Analysis.

表14.4显示了每个变量被3个公共因子提取的信息量，如GDP被提取的信息量是94.5%，GDP因为因子分析的降维而损失的信息较少。所有变量被提取保留下来的信息量都超过了80%，相对来讲是比较理想的结果。

表14.5 因子贡献率

Component	Initial Eigenvalues			Extraction Sums of Squared Loadings			Rotation Sums of Squared Loadings		
	Total	% of Variance	Cumulative %	Total	% of Variance	Cumulative %	Total	% of Variance	Cumulative %
1	3.755	46.939	46.939	3.755	46.939	46.939	3.206	40.080	40.080
2	2.197	27.459	74.398	2.197	27.459	74.398	2.218	27.725	67.804
3	1.215	15.186	89.584	1.215	15.186	89.584	1.742	21.780	89.584
4	0.402	5.030	94.614						
5	0.213	2.660	97.274						
6	0.138	1.724	98.999						
7	0.065	0.818	99.817						
8	0.015	0.183	100.000						

注：Extraction Method：Principal Component Analysis.

表 14.5 显示大于 1 的特征根有 3 个，分别是 3.755、2.197 和 1.215。这 3 个特征根的累计贡献率达 89.584%，说明按照默认提取大于 1 的特征根是比较合理的。如果在图 14.1 中选择"Varimax"进行方差最大化的正交旋转，才会出现表 14.5 的最后三列"Rotation Sums of Squared Loadings"，否则将不会出现最后三列信息。由于正交旋转后因子载荷不同于旋转前的因子载荷，所以特征根也与旋转前略有不同，大于 1 的特征根由 3.755、2.197 和 1.215 变为 3.206、2.218 和 1.742。

表 14.6　旋转前的因子载荷阵[a]

	Component		
	1	2	3
GDP	0.885	0.384	0.121
居民消费水平	0.607	− 0.598	0.271
固定资产投资	0.912	0.161	0.212
职工平均工资	0.466	− 0.722	0.368
货物周转量	0.486	0.738	− 0.275
居民消费价格指数	− 0.509	0.252	0.797
商品零售价格指数	− 0.620	0.594	0.438
工业总产值	0.823	0.427	0.211

注：Extraction Method：Principal Component Analysis.

a. 3 components extracted

表 14.6 是旋转前的因子载荷矩阵。由因子分析的原理可知因子载荷矩阵是不唯一的，如果该矩阵并未使因子载荷有明显的大小区分，可以选择使用方差最大化的正交旋转输出能够使得因子载荷大小两极分化的因子载荷矩阵，以方便提取公因子。表 14.6 中第一列平方和为 3.755、第二列平方和为 2.197、第三列平方和为 1.215，其对应的特征根，即表 14.5 中第二列"Total"。表 14.6 第一行的平方和为 0.945（即表 14.4 中 GDP 提取的信息量 0.945，即 94.5%），第二行的平方和为 0.800（即表 14.4 中居民消费水平提取信息的百分比 0.800，即 80%），依此类推，不一一写出。

使用方差最大化的正交旋转后的因子载荷矩阵如表 14.7 所示。

表 14.7　旋转后的因子载荷阵[a]

	Component		
	1	2	3
X1 – GDP	0.955	0.125	– 0.131
X2 – 居民消费水平	0.217	0.841	– 0.213
X3 – 固定资产投资	0.871	0.352	– 0.137
X4 – 职工平均工资	0.051	0.927	– 0.114
X5 – 货物周转量	0.752	– 0.505	– 0.189
X6 – 居民消费价格指数	– 0.135	– 0.009	0.969
X7 – 商品零售价格指数	– 0.103	– 0.494	0.821
X8 – 工业总产值	0.944	0.111	– 0.015

注：Extraction Method：Principal Component Analysis.

Rotation Method：Varimax with Kaiser Normalization.

a. Rotation converged in 5 iterations.

F1 中：X1、X3、X5、X8 的载荷较大；可以形成一类公因子，结合各变量实际意义可以命名为经济因子。

F2 中：X2、X4 的载荷比较大；结合各变量实际意义可以命名为消费因子。

F3 中：X6、X7 的载荷比较大；结合各变量实际意义可以命名为价格因子。

表 14.7 中旋转后的因子载荷矩阵是通过表 14.6 中旋转前的因子载荷矩阵乘表 14.8 中的因子旋转矩阵得到的。

表 14.8　因子旋转阵（C）

Component		1	2	3
dimension0	1	0.817	0.408	– 0.407
	2	0.548	– 0.769	0.329
	3	0.179	0.492	0.852

注：Extraction Method：Principal Component Analysis.

Rotation Method：Varimax with Kaiser Normalization.

若在"Scores"窗口选择了"Save as variables"，则在"Data view"窗口中将

增加 3 个新变量，即 "$FAC1\_1$"、"$FAC\ 2\_1$"、"$FAC\ 3\_1$"，此即为因子得分 $\hat{F} = A'R^{-1}X$，其中 X 为标准化后的数据。这 3 个得分值是 SPSS 依据表 14.9 因子 得分系数矩阵计算的，具体是：

$$FAC1\_1 = 0.306\,X_1^* + 0.023\,X_2^* + 0.270\,X_3^* - 0.025\,X_4^* +$$
$$0.249\,X_5^* + 0.069\,X_6^* + 0.078\,X_7^* + 0.317\,X_8^*$$
$$FAC2\_1 = 0.011\,X_1^* + 0.385\,X_2^* + 0.128\,X_3^* + 0.453\,X_4^* -$$
$$0.317\,X_5^* + 0.179\,X_6^* - 0.098\,X_7^* + 0.025\,X_8^*$$
$$FAC3\_1 = 0.046\,X_1^* + 0.035\,X_2^* + 0.074\,X_3^* + 0.099\,X_4^* -$$
$$0.135\,X_5^* + 0.652\,X_6^* + 0.463\,X_7^* + 0.123\,X_8^*$$

表 14.9　因子得分系数矩阵（$A'R^{-1}$）

	Component		
	1	2	3
GDP	0.306	0.011	0.046
居民消费水平	0.023	0.385	0.035
固定资产投资	0.270	0.128	0.074
职工平均工资	−0.025	0.453	0.099
货物周转量	0.249	−0.317	−0.135
居民消费价格指数	0.069	0.179	0.652
商品零售价格指数	0.078	−0.098	0.463
工业总产值	0.317	0.025	0.123

注：Extraction Method：Principal Component Analysis.

Rotation Method：Varimax with Kaiser Normalization.

Component Scores.

因子图 14.2（旋转后因子散点图）可以看成各个公共因子与变量之间的关 系。是通过 "Rotated Component Matrix" 的数据分别以 "Component1"、"Compo- nent2"、"Component3" 为 X、Y、Z 轴画出来的。例如，建立数据后，选择 "Graphs"、"Graphboard Template Chooser"、"Detailed"、"3 – D Scatterplot" 即可 画出图 14.2。

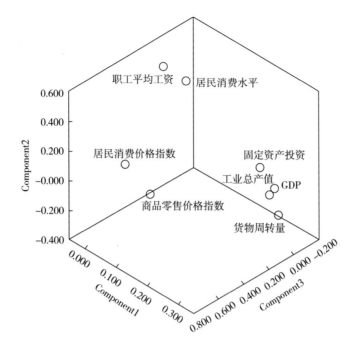

图 14.2　因子图

六、实验作业

利用 2012 年的数据对我国社会发展状况进行综合考虑。原始数据如表 14.10 所示。

表 14.10　我国社会发展状况

地区	人均 GDP（元）	新增固定资产（万元）	城镇居民家庭人均可支配收入（元）	农民人均纯收入（元）	普通高等学校数（所）	卫生机构数（个）
北京	87475.00	25704000	36469.00	16476.00	91	9974
天津	93173.00	44649000	29626.00	14026.00	55	4551
河北	36584.00	126177840	20543.00	8081.00	113	79119
山西	33628.00	55040892	20412.00	6357.00	67	11907
内蒙古	63886.00	91146387	23150.30	6968.00	48	23046
辽宁	56649.00	131777000	23222.67	9384.00	112	35792
吉林	43415.00	2592100	20208.04	8598.00	57	19729

地区	人均 GDP（元）	新增固定资产（万元）	城镇居民家庭人均可支配收入（元）	农民人均纯收入（元）	普通高等学校数（所）	卫生机构数（个）
黑龙江	35711.00	64551000	17760.00	8604.00	90	8836
上海	85373.00	29113400	40188.00	17804.00	67	4845
江苏	68347.00	233274600	29677.00	12202.00	128	31054
浙江	63374.00	86614408	34550.00	14552.00	105	30267
安徽	28792.00	84527212	21024.00	7160.00	118	23278
福建	52763.00	1489200	28055.00	9967.00	86	7584
江西	28800.00	7693512.9	19860.00	7829.00	88	7137
山东	51768.00	5987000	25755.00	9446.00	137	68840
河南	31499.00	130366400	20443.00	7525.00	120	69222
湖北	38572.00	4362600	20840.00	7852.00	122	35423
湖南	33480.00	94117785	21319.00	7440.00	121	14225
广东	54095.00	130344000	30227.00	10543.00	138	17470
广西	27952.00	1432000	21243.00	6008.00	70	10829
海南	32377.00	12398011	20918.00	7408.00	17	5142
重庆	38914.00	58222256	22968.00	7383.00	60	17961
四川	29608.00	103867000	20307.00	7001.43	99	76555
贵州	19710.00	371600	18700.51	4753.00	49	27379
云南	22195.00	493900	21075.00	5417.00	66	10070
西藏	22936.00	12100	18028.00	5719.00	6	1403
陕西	38564.00	67336600	20734.00	5763.00	79	4684
甘肃	21978.00	36122553	17157.00	4507.00	42	26258
青海	33181.00	49300	17566.00	5364.00	9	1630
宁夏	36394.00	12795619	19831.40	6180.30	16	4136
新疆	33796.00	39474336	17921.00	6394.00	34	18320

资料来源：中国知网的"年度数据分析"。

估计因子载荷阵如图 14.3 所示。注意：此处估计因子载荷阵的"Method"在前文中只介绍了"Principal components"，还有很多其他方法，如"Maximum likelihood"等。

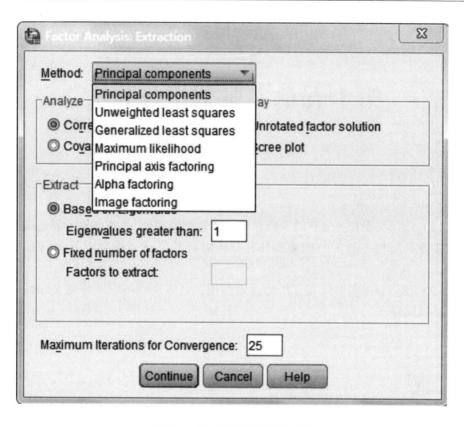

图 14.3　估计因子载荷阵的方法

第十五章　典型相关分析

一、实验目的

（1）理解典型相关分析的实验原理，学会使用 SPSS 中的 Syntax 界面编写命令，实现典型相关分析的相关操作，并能够将其灵活运用到对其他问题的研究中。

（2）学会分析实验结果，得出合理结论，以解决经济管理等相关领域中遇到的实际问题。

二、实验原理

两组随机变量 $X^{(1)} = (X_1, \cdots, X_{p_1})'$，$X^{(2)} = (X_{p_1+1}, \cdots, X_{p_1+p_2})'$，$p_1 + p_2 = p$，设 $p_1 \leqslant p_2$。令 $X = \begin{pmatrix} X^{(1)} \\ X^{(2)} \end{pmatrix}$，$X$ 的协方差阵 $\sum > 0$，设均值向量 $\mu = 0$（否则只要以 $X - \mu$ 代替 X 即可），将 $\sum$ 划分为四块：

$$\sum = \begin{pmatrix} \sum_{11} & \sum_{12} \\ \sum_{21} & \sum_{22} \end{pmatrix}$$

其中，$\sum_{11}$ 是 $X^{(1)} = (X_1, \cdots, X_{p_1})'$ 的协方差阵，$\sum_{12}$ 是 $X^{(1)} = (X_1, \cdots, X_{p_1})'$ 与 $X^{(2)} = (X_{p_1+1}, \cdots, X_{p_1+p_2})'$ 的协方差阵，$\sum_{22}$ 是 $X^{(2)} = (X_{p_1+1}, \cdots, X_{p_1+p_2})'$ 的协方差阵。

设 $l = (l_1, l_2, \cdots, l_{p_1})'$，$m = (m_1, m_2, \cdots, m_{p_2})'$ 为任意非零常数向量。

作两组变量的线性组合，即

$U = l_1 X_1 + l_2 X_2 + \cdots + l_{p_1} X_{p_1} \triangleq l'X^{(1)}$

$V = m_1 X_{p_1+1} + m_2 X_{p_1+2} + \cdots + m_{p_2} X_{p_1+p_2} \triangleq m'X^{(2)}$

随机变量乘以常数并不改变它们之间的相关系数，所以，令 $\text{Var}(U) = l' \sum_{11} l = 1$，$\text{Var}(V) = m' \sum_{22} m = 1$。

求 l 和 m，使其在约束条件 $\mathrm{Var}(U) = 1, \mathrm{Var}(V) = 1$ 下，能够使得 $\rho_{UV} = \mathrm{Cov}(U, V) = l'\sum_{12}m$ 达到最大。

先引入如下概念：

若存在 $l^{(1)} = (l_1^{(1)}, \cdots, l_{p_1}^{(1)})'$ 和 $m^{(1)} = (m_1^{(1)}, \cdots, m_{p_2}^{(1)})'$，记 $U_1 = l^{(1)'}X^{(1)}$，$V_1 = m^{(1)'}X^{(2)}$，使得：

$$\rho_{U_1V_1} = \max_{\alpha'\sum_{11}\alpha = \beta'\sum_{22}\beta = 1} \alpha'\sum_{12}\beta \tag{15.1}$$

则称 $U_1 = l^{(1)'}X^{(1)}$，$V_1 = m^{(1)'}X^{(2)}$ 之间的相关系数 $\rho_{U_1V_1}$ 为第一个典型相关系数，$X^{(1)}$、$X^{(2)}$ 称为第一对典型相关变量。

若存在 $l^{(k)} = (l_1^{(k)}, \cdots, l_{p_1}^{(k)})'$ 和 $m^{(k)} = (m_1^{(k)}, \cdots, m_{p_2}^{(k)})'$，记 $U_k = l^{(k)'}X^{(1)}$，$V_k = m^{(k)'}X^{(2)}$，使得：

U_k，V_k 和前面 $k-1$ 对典型相关变量都不相关；

$\mathrm{Var}(U_k) = 1$，$\mathrm{Var}(V_k) = 1$；

U_k 与 V_k 的相关系数最大，则称 $U_k = l^{(k)'}X^{(1)}$，$V_k = m^{(k)'}X^{(2)}$ 之间的相关系数 $\rho_{U_kV_k}$ 为第 K 个典型相关系数（$k = 2, \cdots, p$），$X^{(1)}$、$X^{(2)}$ 称为第 K 对典型相关变量。

根据数学分析中条件极值的求法，引入 Lagrange 乘数，且为了方便计算，上面的问题即为求：

$$\varphi(l, m) = l'\sum_{12}m - \frac{\lambda}{2}\left(l'\sum_{11}l - 1\right) - \frac{v}{2}\left(m'\sum_{22}m - 1\right) \tag{15.2}$$

的极大值，其中，λ，v 是 Lagrange 乘数。

极值的必要条件为：

$$\begin{cases} \dfrac{\partial\varphi}{\partial l} = \sum_{12}m - \lambda\sum_{11}l = 0 \\ \dfrac{\partial\varphi}{\partial m} = \sum_{21}l - v\sum_{22}m = 0 \end{cases} \tag{15.3}$$

将式（15.3）分别左乘 l' 与 m'，则得：

$$\begin{cases} l'\sum_{12}m = \lambda l'\sum_{11}l = \lambda \\ m'\sum_{21}l = vm'\sum_{22}m = v \end{cases}$$

而 $(l'\sum_{12}m)' = m'\sum_{21}l$，所以 $\lambda = v = l'\sum_{12}m$。即 λ 恰好是线性组合 U 和 V 之间的相关系数。于是，解方程组（15.3）归结为解方程组：

$$\begin{cases} -\lambda \sum\nolimits_{11} l + \sum\nolimits_{12} m = 0 \\ \sum\nolimits_{21} l - \lambda \sum\nolimits_{22} m = 0 \end{cases} \qquad (15.4)$$

式（15.4）中第二式左乘 $\sum\nolimits_{12} \sum\nolimits_{22}^{-1}$ 之后将第一式代入可得：

$$\left(\sum\nolimits_{12} \sum\nolimits_{22}^{-1} \sum\nolimits_{21} - \lambda^2 \sum\nolimits_{11} \right) l = 0 \qquad (15.5)$$

式（15.4）中第一式左乘 $\sum\nolimits_{21} \sum\nolimits_{11}^{-1}$，并将第二式代入可得：

$$\left(\sum\nolimits_{21} \sum\nolimits_{11}^{-1} \sum\nolimits_{12} - \lambda^2 \sum\nolimits_{22} \right) m = 0 \qquad (15.6)$$

式（15.5）左乘 $\sum\nolimits_{11}^{-1}$ 可得：

$$\sum\nolimits_{11}^{-1} \sum\nolimits_{12} \sum\nolimits_{22}^{-1} \sum\nolimits_{21} l - \lambda^2 l = 0 \qquad (15.7)$$

同理可得：

$$\sum\nolimits_{22}^{-1} \sum\nolimits_{21} \sum\nolimits_{11}^{-1} \sum\nolimits_{12} m - \lambda^2 m = 0 \qquad (15.8)$$

令

$$A = \sum\nolimits_{11}^{-1} \sum\nolimits_{12} \sum\nolimits_{22}^{-1} \sum\nolimits_{21}$$

$$B = \sum\nolimits_{22}^{-1} \sum\nolimits_{21} \sum\nolimits_{11}^{-1} \sum\nolimits_{12}$$

则得：

$$Al = \lambda^2 l$$

$$Bm = \lambda^2 m$$

说明：λ^2 既是 A 的特征根又是 B 的特征根，l、m 是对应于矩阵 A 和矩阵 B 的特征向量。

三、实验内容

对某高中一年级男生 38 人进行体力测试和运动能力测试，其中体能测试包括 7 项指标，运动能力测试包含 5 项指标，试对两组指标作典型相关分析（见表 15.1）。

体力测试指标：

$X1$ 表示反复横向跳（次）；

$X2$ 表示纵跳（厘米）；

$X3$ 表示背力（千克）；

$X4$ 表示握力（千克）；

$X5$ 表示台阶试验（指数）；

$X6$ 表示立定体前屈（厘米）；

$X7$ 表示俯卧上体后仰（厘米）。

运动能力测试指标：

$X8$ 表示 50 米跑（秒）；

$X9$ 表示跳远（厘米）；

$X10$ 表示投球（米）；

$X11$ 表示引体向上（次）；

$X12$ 表示耐力跑（秒）。

表 15.1　某高中一年级男生 38 人进行体力测试及运动能力测试

序号	X1	X2	X3	X4	X5	X6	X7	X8	X9	X10	X11	X12
1	46	55	126	51	75	25	72	6.8	489	27	8	360
2	52	55	95	42	81.2	18	50	7.2	464	30	5	348
3	46	69	107	38	98.0	18	74	6.8	430	32	9	386
4	49	50	105	48	97.6	16	60	6.8	362	26	6	331
5	42	55	90	46	66.5	2	68	7.2	453	23	11	391
6	48	61	106	43	78.0	25	58	7.0	405	29	7	389
7	49	60	100	49	90.6	15	60	7.0	420	21	10	379
8	48	63	122	52	56.1	17	68	7.1	466	28	2	362
9	45	55	105	48	76.0	15	61	6.8	415	24	6	386
10	48	64	120	38	60.2	20	62	7.1	413	28	7	398
11	49	52	100	42	53.4	6	42	7.4	404	23	6	400
12	47	62	100	34	61.2	10	62	7.2	427	25	7	407
13	41	51	101	53	62.4	5	60	8.0	372	25	3	409
14	52	55	125	43	86.3	5	62	6.8	496	30	10	350
15	45	52	94	50	51.4	20	65	7.6	394	24	3	399
16	49	57	110	47	72.3	19	45	7.0	446	30	11	337
17	53	65	112	47	90.4	15	75	6.6	446	30	12	357
18	47	77	95	47	72.3	9	64	6.6	420	25	4	447
19	48	60	120	47	86.4	12	62	6.8	447	28	11	381
20	49	55	113	41	84.1	15	60	7.0	398	27	4	387

序号	X1	X2	X3	X4	X5	X6	X7	X8	X9	X10	X11	X12
21	48	69	128	42	47.9	20	63	7.1	485	30	7	350
22	42	57	122	46	54.2	15	63	7.2	400	28	6	388
23	54	64	155	51	71.4	19	61	6.9	511	33	12	298
24	53	63	120	42	56.6	8	53	7.5	430	29	4	353
25	42	71	138	44	65.2	17	55	7.0	487	29	9	370
26	46	66	120	45	62.2	22	68	7.4	470	28	7	360
27	45	56	91	29	66.2	18	51	7.9	380	26	5	358
28	50	60	120	42	56.6	8	57	6.8	460	32	5	348
29	42	51	126	50	50.0	13	57	7.7	398	27	2	383
30	48	50	115	41	52.9	6	39	7.4	415	28	6	314
31	42	52	140	48	56.3	15	60	6.9	470	27	11	348
32	48	67	105	39	69.2	23	60	7.6	450	28	10	326
33	49	74	151	49	54.2	20	58	7.0	·500	30	12	330
34	47	55	113	40	71.4	19	64	7.6	410	29	7	331
35	49	74	120	53	54.5	22	59	6.9	500	33	21	348
36	44	52	110	37	54.9	14	57	7.5	400	29	2	421
37	52	66	130	47	45.9	14	45	6.8	505	28	11	355
38	48	68	100	45	53.6	23	70	7.2	522	28	9	352

资料来源：任雪松，于秀林. 多元统计分析 [M]. 北京：中国统计出版社，2013.

四、实验过程

（1）打开数据文件"canonical_ correlation. sav"。注意：这里打开的是数据文件，以"sav"结尾。

（2）在电脑中找到"Canonical correlation. sps"的路径，如 C：\ Program-Files \ IBM \ SPSS \ Statistics \ 22 \ Samples \ English \ Canonicalcorrelation. sps。

注意：这里要找到的是典型相关分析的专用模块，是以"sps"结尾的，找到该模块的路径是为了方便后续调用该模块进行典型相关分析，如图 15.1 所示。

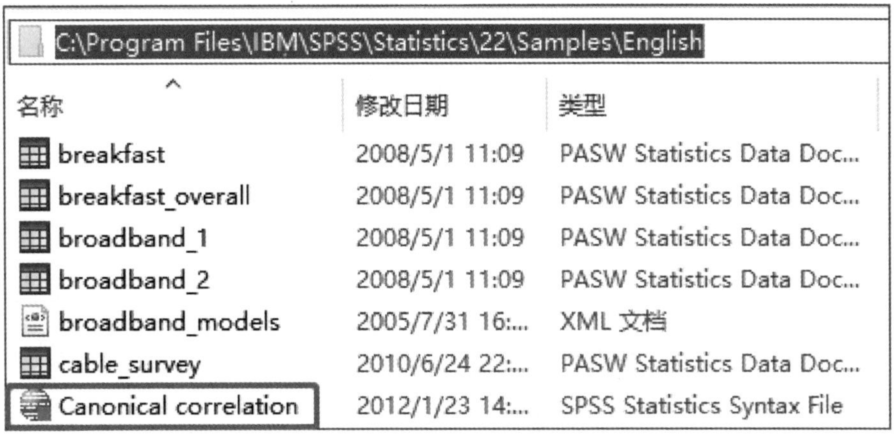

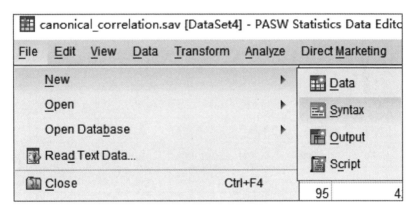

图 15.1　"Canonical correlation. sps" 的路径

（3）顺次在菜单栏点击"File"、"New"、"Syntax"，打开语法窗口"Syntax"（见图 15.2）。

图 15.2　打开 Syntax 界面

（4）在语法窗口输入如下程序，调用典型相关分析专用模块 Canonical correlation. sps，将下面的路径改成自己电脑中"Canonical correlation. sps"的路径（见图 15.3）。

INCLUDEC：\ Program Files \ IBM \ SPSS \ Statistics \ 22 \ Samples \ English \ Canonical correlation. sps′.

Cancorr set1 = x1 x2 x3 x4 x5 x6 x7 /

set2 = x8 x9 x10 x11 x12 /.

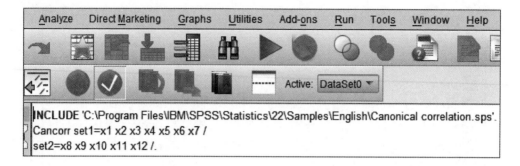

图 15.3 调用典型相关分析专用模块

在当前窗口顺次在菜单栏点击"Run"、"All",即可输出典型相关分析的结果。

五、结果分析

(1) 第一组变量 $X^{(1)} = (X1, X2, \cdots, X7)$ 的相关系数阵,如表 15.2 所示。

表 15.2 "Set-1"内部变量间相关系数矩阵

Correlations for Set-1

	X1	X2	X3	X4	X5	X6	X7
X1	1.0000	0.2701	0.1643	-0.0286	0.2463	0.0722	-0.1664
X2	0.2701	1.0000	0.2694	0.0406	-0.0670	0.3463	0.2709
X3	0.1643	0.2694	1.0000	0.3190	-0.2427	0.1931	-0.0176
X4	-0.286	0.0406	0.3190	1.0000	-0.0370	0.0524	0.2035
X5	0.2463	-0.0670	-0.2427	-0.0370	1.0000	0.0517	0.3231
X6	0.0722	0.3463	0.1931	0.0524	0.0517	1.0000	0.2813
X7	-0.1664	0.2709	-0.0176	0.2035	0.3231	0.2713	1.0000

(2) 第二组变量 $X^{(2)} = (X8, X9, \cdots, X12)$ 的相关系数阵,如表 15.3 所示。

表 15.3 "Set – 2"内部变量间相关系数矩阵

			Correlations for Set – 2		
	$X8$	$X9$	$X10$	$X11$	$X12$
$X8$	1. 0000	– 0. 4429	– 0. 2647	– 0. 4629	0. 0745
$X9$	– 0. 4429	1. 0000	0. 4989	0. 6067	– 0. 4688
$X10$	– 0. 2647	0. 4989	1. 0000	0. 3562	– 0. 5206
$X11$	– 0. 4629	0. 6067	0. 3562	1. 0000	– 0. 4200
$X12$	0. 0745	– 0. 4688	– 0. 5206	– 0. 4200	1. 0000

（3）第一组变量 $X^{(1)} = （X1，X2，\cdots，X7）$ 和第二组变量 $X^{(2)} = （X8，X9，\cdots，X12）$ 之间的相关系数阵，如表 15.4 所示。

表 15.4 "Set – 1"和"Set – 2"之间两两相关系数矩阵

			Gorrelations between Set – 1 and Set – 2		
	$X8$	$X9$	$X10$	$X11$	$X12$
$X1$	– 0. 4005	0. 3609	0. 4116	0. 2797	– 0. 4702
$X2$	– 0. 3900	0. 5584	0. 3977	0. 4511	– 0. 0393
$X3$	– 0. 3026	0. 5590	0. 5538	0. 3215	– 0. 4801
$X4$	– 0. 2834	0. 2711	– 0. 0414	0. 2470	– 0. 0930
$X5$	– 0. 4295	– 0. 1843	– 0. 0116	0. 1415	– 0. 0177
$X6$	– 0. 0800	0. 2596	0. 3310	0. 2359	– 0. 2892
$X7$	– 0. 2568	0. 1501	0. 0388	0. 0841	0. 1925

（4）典型相关系数：$\hat{\lambda}_1 = 0.849$，$\hat{\lambda}_2 = 0.710$，$\cdots$，$\hat{\lambda}_5 = 0.289$（见表 15.5）。

表 15.5 典型相关系数

Canonical Correlations	
1	0. 849
2	0. 710
3	0. 648
4	0. 346
5	0. 289

（5）典型相关系数的显著性检验，如表 15.6 所示。

表 15.6　相关系数的检验

Test that remaining correlations are zero：

	Wilk's	Chi－SQ	DF	Sig.
1	0.065	83.388	35.000	0.000
2	0.232	44.503	24.000	0.007
3	0.468	23.134	15.000	0.081
4	0.807	6.544	8.000	0.587
5	0.916	2.660	3.000	0.447

$\Lambda_0 = 0.065$，$Q_0 = 83.388$，$p_1 \times p_2 = 35.000$，Sig. $= 0.000 < 0.05$，故第一对典型变量是有价值的，其中，

$$\Lambda_0 = \prod_{i=1}^{5} (1 - \hat{\lambda}_i^2)$$

$$Q_0 = - \left[n - 1 - \frac{1}{2} (p_1 + p_2 + 1) \right] \ln \Lambda_0$$

$\Lambda_1 = 0.232$，$Q_1 = 44.503$，$(p_1 - 1) \times (p_2 - 1) = 24.000$，Sig. $= 0.007 < 0.05$，故第二对典型变量是有价值的，其中，

$$\Lambda_1 = \prod_{i=2}^{5} (1 - \hat{\lambda}_i^2)$$

$$Q_1 = - \left[n - 2 - \frac{1}{2} (p_1 + p_2 + 1) \right] \ln \Lambda_1$$

$\Lambda_2 = 0.468$，$Q_2 = 23.134$，$(p_1 - 2) \times (p_2 - 2) = 15.000$，Sig. $= 0.081 > 0.05$，故第三对典型变量价值不大，其中，

$$\Lambda_2 = \prod_{i=3}^{5} (1 - \hat{\lambda}_i^2)$$

$$Q_2 = - \left[n - 3 - \frac{1}{2} (p_1 + p_2 + 1) \right] \ln \Lambda_2$$

（6）标准化数据计算的第一组变量 X_1，…，X_7 的典型变量的系数，如表 15.7 所示。

表 15.7 第一组变量的典型变量的系数

	1	2	3	4	5
	Standardized Canonical Coefficients for Set − 1				
$X1$	0.475	− 0.108	0.383	− 0.472	0.442
$X2$	0.183	0.573	− 0.768	0.342	− 0.468
$X3$	0.638	− 0.054	0.295	0.299	0.283
$X4$	0.036	− 0.060	− 0.415	− 0.887	− 0.452
$X5$	0.241	− 0.770	− 0.683	0.463	− 0.219
$X6$	0.118	− 0.147	0.420	0.158	− 0.647
$X7$	0.036	0.390	0.032	− 0.134	1.027

$$\hat{U}_1 = 0.475 X_1^* + \cdots + 0.036 X_7^*$$
$$\hat{U}_2 = -0.108 X_1^* + \cdots + 0.390 X_7^*$$
$$\vdots$$
$$\hat{U}_5 = 0.442 X_1^* + \cdots + 1.027 X_7^*$$

（7）非标准化数据计算的第一组变量 $X1$，$\cdots$，$X7$ 的典型变量的系数，如表 15.8 所示。

表 15.8 非标准化的第一组典型变量的系数

	1	2	3	4	5
	Raw Canonical Coefficients for Set − 1				
$X1$	0.141	− 0.032	0.114	− 0.140	0.131
$X2$	0.025	0.077	− 0.103	0.046	− 0.063
$X3$	0.041	− 0.003	0.019	0.019	0.018
$X4$	0.007	− 0.011	− 0.077	− 0.166	0.084
$X5$	0.017	− 0.053	− 0.047	0.032	− 0.015
$X6$	0.020	− 0.025	0.070	0.027	− 0.109
$X7$	0.004	0.048	0.004	− 0.016	0.126

$$\hat{U}_1 = 0.141 X_1 + \cdots + 0.004 X_7$$
$$\hat{U}_2 = -0.032 X_1 + \cdots + 0.048 X_7$$
$$\vdots$$
$$\hat{U}_5 = 0.131 X_1 + \cdots + 0.126 X_7$$

（8）标准化数据计算的第二组变量 $X8$，…，$X12$ 的典型变量的系数，如表 15.9 所示。

表 15.9　第二组变量的典型变量的系数

			Standardized Canonical Coefficients for Ser − 2		
	1	2	3	4	5
$X8$	− 0. 507	0. 640	0. 591	0. 201	− 0. 625
$X9$	0. 195	1. 122	0. 210	− 0. 778	0. 268
$X10$	0. 368	0. 249	0. 206	1. 141	0. 191
$X11$	− 0. 061	0. 019	− 0. 563	0. 369	− 1. 171
$X12$	− 0. 378	0. 885	− 0. 624	0. 566	0. 146

$$\hat{V}_1 = -0.507\, X_8^* + \cdots - 0.378\, X_{12}^*$$
$$\hat{V}_2 = 0.640\, X_8^* + \cdots + 0.885\, X_{12}^*$$
$$\vdots$$
$$\hat{V}_5 = -0.625\, X_8^* + \cdots + 0.146\, X_{12}^*$$

（9）非标准化的第二组变量 $X8$，…，$X12$ 的典型变量的系数，如表 15.10 所示。

表 15.10　非标准化的第二组变量的典型变量的系数

			Raw Canonical Coefficients for Set − 2		
	1	2	3	4	5
$X8$	− 1. 447	1. 826	1. 686	0. 574	− 1. 783
$X9$	0. 005	0. 026	0. 005	− 0. 018	0. 006
$X10$	0. 134	0. 090	0. 075	0. 415	0. 069
$X11$	− 0. 016	0. 005	− 0. 149	0. 098	− 0. 310
$X12$	− 0. 012	0. 028	− 0. 020	0. 018	0. 005

$$\hat{V}_1 = -1.447\, X_8 + \cdots - 0.012\, X_{12}$$
$$\hat{V}_2 = 1.826\, X_8 + \cdots + 0.028\, X_{12}$$
$$\vdots$$
$$\hat{V}_5 = -1.783\, X_8 + \cdots + 0.005\, X_{12}$$

（10）第一组变量 $X1$，…，$X7$ 与第一组变量本身的典型变量 $\hat{U}_1$，…，$\hat{U}_5$ 的相关系数：$\mathrm{Cov}(X^{(1)}, U) = \sum_{11} L$（见表 15.11）。

表 15.11　"Set-1" 中变量的典型载荷

		Canonical Loadings for Set-1			
	1	2	3	4	5
$X1$	0.690	-0.225	0.093	-0.158	0.103
$X2$	0.519	0.633	-0.402	0.246	-0.222
$X3$	0.740	0.215	0.265	-0.049	-0.005
$X4$	0.237	0.049	-0.309	-0.800	-0.210
$X5$	0.207	-0.701	-0.562	0.249	0.168
$X6$	0.363	0.100	0.190	0.240	-0.469
$X7$	0.113	0.261	-0.432	0.046	0.477

$$\rho\ (X_1,\ \hat{U}_1)\ = 0.690,\ \cdots,\ \rho\ (X_1,\ \hat{U}_5)\ = 0.103$$
$$\rho\ (X_2,\ \hat{U}_1)\ = 0.519,\ \cdots,\ \rho\ (X_2,\ \hat{U}_5)\ = -0.222$$
$$\vdots$$
$$\rho\ (X_7,\ \hat{U}_1)\ = 0.113,\ \cdots,\ \rho\ (X_7,\ \hat{U}_5)\ = 0.477$$

（11）第一组变量 X_1，…，X_7 与第二组变量的典型变量 $\hat{V}_1$，…，$\hat{V}_5$ 的相关系数：$\mathrm{Cov}(X^{(1)}, V) = \sum_{22} M$（见表 15.12）。

表 15.12　"Set-1" 中交叉的典型载荷

		Cross Loadings for Set-1			
	1	2	3	4	5
$X1$	0.586	-0.160	0.060	-0.055	0.030
$X2$	0.441	0.449	-0.260	0.085	-0.064
$X3$	0.628	0.152	0.172	-0.017	-0.001
$X4$	0.202	0.035	-0.200	-0.277	-0.061
$X5$	0.176	-0.498	-0.364	0.086	0.049
$X6$	0.308	0.071	0.123	0.083	-0.135
$X7$	0.096	0.185	-0.280	0.016	0.138

$$\rho\ (X_1,\ \hat{V}_1)\ = 0.586,\ \cdots,\ \rho\ (X_1,\ \hat{V}_5)\ = 0.030$$

$\rho\ (X_2,\ \hat{V}_1)\ =0.441,\ \cdots,\ \rho\ (X_2,\ \hat{V}_5)\ =-0.064$

$\vdots$

$\rho\ (X_7,\ \hat{V}_1)\ =0.096,\ \cdots,\ \rho\ (X_7,\ \hat{V}_5)\ =0.138$

（12）第二组变量 $X8,\ \cdots,\ X12$ 与第二组变量本身的典型变量 $\hat{V}_1,\ \cdots,\ \hat{V}_5$ 的相关系数：$\mathrm{Cov}(X^{(2)},V) = \sum_{21} L$（见表 15.13）。

表 15.13　"Set－2"中典型载荷

			Canonical Loadings for Set－2		
	1	2	3	4	5
$X8$	－ 0.691	0.135	0.657	0.115	－ 0.242
$X9$	0.744	0.559	0.002	－ 0.339	－ 0.138
$X10$	0.775	0.185	0.279	0.536	－ 0.003
$X11$	0.582	0.120	－ 0.373	－ 0.027	－ 0.712
$X12$	－ 0.673	0.269	－ 0.550	0.197	0.366

$\rho\ (X_8,\ \hat{V}_1)\ =-0.691,\ \cdots,\ \rho\ (X_8,\ \hat{V}_5)\ =-0.242$

$\rho\ (X_9,\ \hat{V}_1)\ =0.744,\ \cdots,\ \rho\ (X_9,\ \hat{V}_5)\ =-0.138$

$\vdots$

$\rho\ (X_{12},\ \hat{V}_1)\ =-0.673,\ \cdots,\ \rho\ (X_{12},\ \hat{V}_5)\ =0.366$

（13）第二组变量 $X8,\ \cdots,\ X_{12}$ 与第一组变量的典型变量 $\hat{U}_1,\ \cdots,\ \hat{U}_5$ 的相关系数：$\mathrm{Cov}(X^{(2)},U) = \sum_{21} L$（见表 15.14）。

表 15.14　"Set－2"中交叉的典型载荷

			Cross Loadings for Set－2		
	1	2	3	4	5
$X8$	－ 0.587	0.096	0.426	0.040	－ 0.070
$X9$	0.631	0.397	0.002	－ 0.117	－ 0.040
$X10$	0.658	0.131	0.181	0.185	－ 0.001
$X11$	0.494	0.085	－ 0.242	－ 0.009	－ 0.206
$X12$	－ 0.571	0.191	－ 0.356	0.068	0.106

$\rho\ (X_8,\ \hat{U}_1)\ =-0.587,\ \cdots,\ \rho\ (X_8,\ \hat{U}_5)\ =-0.070$

$\rho\ (X_9,\ \hat{U}_1)\ =0.631,\ \cdots,\ \rho\ (X_9,\ \hat{U}_5)\ =-0.040$

$$\vdots$$

$$\rho\ (X_{12},\ \hat{U}_1)\ =-0.571,\ \cdots,\ \rho\ (X_{12},\ \hat{U}_5)\ =0.106$$

（14）典型冗余（Redundancy）分析：第一组变量 $X1$，$\cdots$，$X7$ 的第 k 个典型变量 $\hat{U}_k$ 解释第一组变量 $X^{(1)}$ 的总变差百分比（见表 15.15）：

$$R_d(X^{(1)};\hat{U}_k)\ =\frac{1}{p_1}\sum_{j=1}^{p_1}\rho^2(X_j,\hat{U}_k),k\ =1,\cdots,5$$

表 15.15　冗余分析

Redundancy Analysis：

	Proportion of Variance of　Set – 1 Explained by Its Own Can. Var.				
	Prop Var				
CV1 – 1	0.220				
CV1 – 2	0.153				
CV1 – 3	0.125				
CV1 – 4	0.121				
CV1 – 5	0.083				

$$R_d\ (X^{(1)};\ \hat{U}_k)\ =0.220$$

$$\vdots$$

$$R_d\ (X^{(1)};\ \hat{U}_5)\ =0.083$$

（15）典型冗余分析：第二组变量 $X8$，$\cdots$，$X12$ 第 k 个典型变量 $\hat{V}_k$ 解释第一组变量 $X^{(1)}$ 的总变差百分比（见表 15.16）：

$$R_d(X^{(1)};\hat{V}_k)\ =\frac{1}{p_1}\sum_{j=1}^{p_1}\rho^2(X_j,\hat{V}_k),k\ =1,\cdots,5$$

表 15.16　典型冗余分析

	Proportion of Variance of Set – 1 Explained by Opposite Can. Var.				
	Prop Var				
CV2 – 1	0.158				
CV2 – 2	0.077				
CV2 – 3	0.052				
CV2 – 4	0.015				
CV2 – 5	0.007				

$$R_d\ (X^{(1)};\ \hat{V}_1)\ = 0.158$$

$$\vdots$$

$$R_d\ (X^{(1)};\ \hat{V}_5)\ = 0.007$$

（16）典型冗余分析：第二组变量 X8，…，X12 的第 k 个典型变量 $\hat{V}_k$ 解释第二组变量 $X^{(2)}$ 的总变差百分比（见表 15.17）：

$$R_d(X^{(2)};\hat{V}_k) = \frac{1}{p_2}\sum_{j=8}^{7+p_2} \rho^2(X_j,\hat{V}_k), k = 1,\cdots,5$$

表 15.17　典型冗余分析

Proportion of Variance of Set – 2 Explained by Its Own Can. Var.

	Prop Var				
CV2 – 1	0.482				
CV2 – 2	0.090				
CV2 – 3	0.190				
CV2 – 4	0.091				
CV2 – 5	0.144				

$$R_d\ (X^{(2)};\ \hat{V}_1)\ = 0.485$$

$$\vdots$$

$$R_d\ (X^{(2)};\ \hat{V}_5)\ = 0.144$$

（17）典型冗余分析：第一组变量 X1，…，X7 第 k 个典型变量 $\hat{U}_k$ 解释第二组变量 $X^{(2)}$ 的总变差百分比（见表 5.18）：

表 15.18　典型冗余分析

Proportion of Variance of Set – 2 Explained by Opposite Can. Var.

	Prop Var			
CV1 – 1	0.349			
CV1 – 2	0.046			
CV1 – 3	0.080			
CV1 – 4	0.011			
CV1 – 5	0.012			

$$R_d(X^{(2)};\hat{U}_k) = \frac{1}{p_2}\sum_{j=8}^{7+p_2}\rho^2(X_j,\hat{U}_k), k = 1,\cdots,5$$

$$R_d(X^{(2)};\hat{U}_1) = 0.349$$

$$\vdots$$

$$R_d(X^{(2)};\hat{U}_5) = 0.012$$

（18）总结。

1）根据分析可知：对原始两组变量的研究可以转化为对第一对和第二对典型变量的研究，通过对典型变量之间的相关性研究来反映原始两组变量之间的相关关系。

2）第一对典型变量中 U_1 可以解释 22% 的组内变差，并解释另一组变差的 34.9%；第二对典型变量 V_1 可以解释 48.5% 的组内变差，并解释另一组变差的 15.8%。

3）第一对典型变量中，无论是第一组变量 $X1$，$\cdots$，$X7$，还是第二组变量 $X8$，$\cdots$，$X12$，测试结果越好（注意不是越大），$\hat{U}$、$\hat{V}$ 的数值也越大，所以可以认为，第一对典型变量表征全面能力程度。这两组系数中有 $X8$（50 米跑）及 $X12$（耐力跑）系数为负，而恰好这两个变量取值意义和其他变量取值意义相反。

4）第二对典型变量中，第一组变量内 $X2$ 与 $X5$ 的系数较大，第二组变量内 $X8$、$X9$、$X12$ 的系数较大，所以第二对典型变量可以表征局部能力（即下半身腿的能力）的程度，它显示出跳的能力强或跑的能力强。

（19）典型变量的冗余分析：表 15.19 用表 15.11 中的数据和 $R_d(X^{(1)};V_k) = \lambda_k^2 R_d(X^{(1)};U_k)$，$k = 1$，$\cdots$，5 的关系计算了表 15.15 和表 15.16 中的结果。

表 15.19 本章计算结果

冗余分析						第1列平方	第2列平方	第3列平方	第4列平方	第5列平方	典型相关系数	平方
0.69	-0.225	0.093	-0.158	0.103		0.4761	0.050625	0.008649	0.024964	0.010609	0.849	0.720801
0.519	0.633	-0.402	0.246	-0.222		0.269361	0.400689	0.161604	0.060516	0.049284	0.71	0.5041
0.74	0.215	0.265	-0.049	-0.005		0.5476	0.046225	0.070225	0.002401	0.000025	0.648	0.419904
0.237	0.049	-0.309	-0.8	-0.21		0.056169	0.002401	0.095481	0.64	0.0441	0.346	0.119716
0.207	-0.701	-0.562	0.249	0.168		0.042849	0.491401	0.315844	0.062001	0.028224	0.289	0.083521
0.363	0.1	0.19	0.24	-0.469		0.131769	0.01	0.0361	0.0576	0.219961		
0.113	0.261	-0.432	0.046	0.477		0.012769	0.068121	0.186624	0.002116	0.227529		
					列平方和	1.536617	1.069462	0.874527	0.849598	0.579732		
	第一个典型变量解释本组变量的总变差百分比					0.219517	0.15278	0.124932	0.121371	0.082819		
	第一个典型变量解释第二组变量的总变差百分比					0.158228	0.077017	0.05246	0.01453	0.006917		

（20）$R_d(X^{(2)};U_k) = \lambda_k^2 R_d(X^{(2)};V_k)$，$k = 1$，$\cdots$，5 是因为根据式（15.4）得：

$$\lambda_k \sum_{22} m^{(k)} = \sum_{21} l^{(k)}$$

假设变量进行了标准化，则对 $j = 8$，…，12

$$\rho(X_j, V_k) = \mathrm{Cov}(X_j, V_k) = \mathrm{Cov}(X_j, m'^{(k)} X^{(2)}) = \mathrm{Cov}(X_j, X^{(2)}) m^{(k)}$$

$$= (\sum_{22})_j m^{(k)}$$

$$\rho(X_j, U_k) = \mathrm{Cov}(X_j, U_k) = \mathrm{Cov}(X_j, l'^{(k)} X^{(1)})$$

$$= \mathrm{Cov}(X_j, X^{(1)}) l^{(k)} = (\sum_{21})_j l^{(k)}$$

$$= \lambda_k (\sum_{22})_j m^{(k)} = \lambda_k \rho(X_j, V_k)$$

因此，$R_d(X^{(2)}; U_k) = \lambda_k^2 R_d(X^{(2)}; V_k)$，$k = 1$，…，5

（21）同理，$R_d(X^{(1)}; V_k) = \lambda_k^2 R_d(X^{(1)}; U_k)$，$k = 1$，…，5

这是因为由式（15.4）得：

$$\lambda_k \sum_{11} l^{(k)} = \sum_{12} m^{(k)}$$

假设变量进行了标准化，则对 $j = 1$，…，7 进行

$$\rho(X_j, V_k) = \mathrm{Cov}(X_j, V_k) = \mathrm{Cov}(X_j, m'^{(k)} X^{(2)}) = \mathrm{Cov}(X_j, X^{(2)}) m^{(k)}$$

$$= (\sum_{12})_j m^{(k)}$$

$$\rho(X_j, U_k) = \mathrm{Cov}(X_j, U_k) = \mathrm{Cov}(X_j, l'^{(k)} X^{(1)}) = \mathrm{Cov}(X_j, X^{(1)}) l^{(k)}$$

$$= (\sum_{11})_j l^{(k)} = \frac{1}{\lambda_k} (\sum_{22})_j m^{(k)} = \frac{1}{\lambda_k} \rho(X_j, V_k)$$

故

$$\rho(X_j, V_k) = \lambda_k \rho(X_j, U_k)$$

因此，

$$R_d(X^{(1)}; V_k) = \lambda_k^2 R_d(X^{(1)}; U_k), \quad k = 1，\cdots，5$$

六、关于典型相关分析

典型相关分析是从两组变量中分别提取两个典型成分 U 和 V，要求两个典型成分之间的相关程度最大，同时也希望每个典型成分解释各组变差的百分比也尽可能地大。百分比的大小反映由每组变量提取的用于典型相关分析的变差的大小。

因为在典型相关分析中所提取的每对典型成分 U 和 V 保证了其相关程度达到最大，所以每个典型成分不仅解释了本组变量的信息，还解释了另一组变量的信息。典型相关系数越大，典型成分能解释对方变量组变差的信息也将越多。

$R_d (X^{(1)}; V_k)$ 表示第一组中典型变量解释原来变量组的变差被第二组中典

型变量重复解释的百分比，简称为第一组典型变量的冗余测度。

$R_d\left(X^{(2)};U_k\right)$ 表示第二组中典型变量解释原来变量组的变差被第一组中典型变量重复解释的百分比，简称为第二组典型变量的冗余测度。

冗余测度体现了两组变量之间的相关程度。

第十六章 工业经济效益的综合评价

一、问题

运用聚类分析法和因子分析法对我国 31 个省区市工业经济效益进行综合评价研究（见表 16.1）。

表 16.1 大中型工业企业主要经济效益指标（2006 年）

地区	X1－工业增加值率（%）	X2－总资产贡献率（%）	X3－资产负债率（%）	X4－流动资产周转次数（次/年）	X5－成本费用利润率（%）	X6－产品销售率（%）	X7－工业利税贡献率（%）	X8－全员劳动生产率（元/人）	X9－净资产收益率（%）	X10－主营业务收入工业贡献率（%）
北京	21.98	5.88	35.16	2.43	6.21	99.23	0.02	21.47	0.05	0.032
天津	28.61	17.29	57.02	2.84	10.14	99.26	0.02	27.44	0.27	0.032
河北	28.44	13.20	61.84	2.68	7.17	98.45	0.04	14.05	0.18	0.043
山西	36.32	10.42	67.47	1.78	7.10	98.11	0.03	10.32	0.13	0.023
内蒙古	43.46	12.81	59.03	2.33	10.40	98.04	0.02	20.42	0.16	0.013
辽宁	29.05	8.08	57.48	2.22	3.32	98.77	0.04	15.85	0.07	0.046
吉林	31.28	10.07	54.14	2.42	5.07	95.76	0.02	16.94	0.08	0.017
黑龙江	49.79	35.65	52.97	2.62	33.43	98.64	0.04	21.78	0.55	0.024
上海	24.23	11.00	48.35	2.35	6.33	99.12	0.05	23.08	0.12	0.065
江苏	24.61	11.25	60.48	2.61	5.30	98.90	0.08	15.67	0.16	0.123
浙江	21.05	11.93	58.48	2.28	5.54	98.02	0.05	10.36	0.15	0.076
安徽	32.68	10.87	63.24	2.43	5.25	98.75	0.03	13.19	0.11	0.02
福建	27.57	12.91	55.57	2.43	6.86	97.34	0.02	11.09	0.16	0.028
江西	27.94	12.82	64.07	2.38	5.95	98.85	0.01	11.7	0.15	0.012
山东	27.39	15.90	59.69	2.89	8.12	98.54	0.1	14.36	0.22	0.111

续表

地区	X1-工业增加值率（%）	X2-总资产贡献率（%）	X3-资产负债率（%）	X4-流动资产周转次数（次/年）	X5-成本费用利润率（%）	X6-产品销售率（%）	X7-工业利税贡献率（%）	X8-全员劳动生产率（元/人）	X9-净资产收益率（%）	X10-主营业务收入工业贡献率（%）
河南	26.48	14.90	62.27	2.63	8.12	98.43	0.05	9.34	0.20	0.041
湖北	31.37	10.77	55.13	2.18	8.08	98.56	0.04	14.91	0.11	0.025
湖南	34.93	13.83	62.39	2.36	5.84	99.56	0.03	15.13	0.11	0.016
广东	25.20	12.27	55.69	2.51	5.51	97.53	0.11	11.44	0.15	0.144
广西	30.62	14.13	60.47	2.25	8.15	97.20	0.01	14.85	0.16	0.010
海南	27.70	11.93	63.21	2.03	11.82	96.83	0	18.34	0.17	0.002
重庆	29.65	10.05	58.98	1.97	5.73	98.60	0.01	12.21	0.11	0.011
四川	34.82	11.12	60.80	1.84	7.38	98.29	0.03	12.85	0.13	0.023
贵州	37.38	11.51	65.38	1.80	8.36	1,297.80	0.01	13.52	0.12	0.007
云南	40.34	20.14	51.70	1.66	13.11	98.40	0.04	23.95	0.15	0.012
西藏	57.08	12.28	40.65	0.97	25.33	91.85	0	10.93	0.13	0
陕西	41.80	16.35	58.54	1.93	15.99	99.01	0.03	17.66	0.23	0.017
甘肃	26.34	9.85	58.23	2.24	4.67	98.83	0.01	11.52	0.08	0.010
青海	39.92	14.60	66.52	1.80	23.67	96.66	0	21.07	0.28	0.003
宁夏	31.06	7.34	60.14	1.70	4.03	97.73	0	10.84	0.06	0.003
新疆	46.10	29.14	48.87	3.14	33.69	99.31	0.02	29.92	0.41	0.011

资料来源：《中国统计年鉴》（2007）。

二、实验过程

1. 提取变量——R 型聚类

采用对变量进行聚类的 R 型聚类法。在该实验中"Cluster Method"选择"Ward's method"，样品与样品之间的距离（Interval）采用"Squared Euclidean distance"（欧氏距离的平方），具体操作如图 16.1 和图 16.2 所示。注意对数据进行标准化处理时选择"By case"。

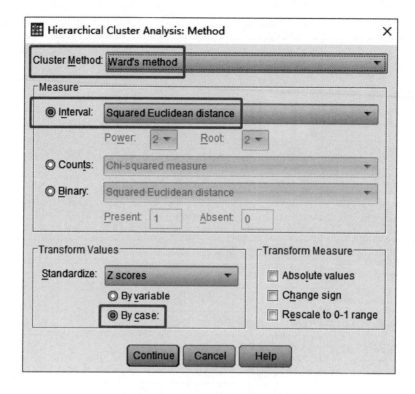

图 16.1　聚类分析的具体选项

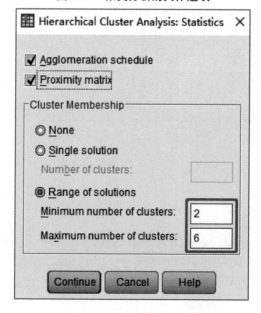

图 16.2　选择聚成 2~6 类

将图 16.2 的结果生成表 16.2。

表 16.2　聚成 2～6 类的结果

Case	6 Clusters	5 Clusters	4 Clusters	3 Clusters	2 Clusters
$X1$	1	1	1	1	1
$X2$	2	2	1	1	1
$X3$	3	3	2	2	2
$X4$	4	4	3	1	1
$X5$	2	2	1	1	1
$X6$	5	5	4	3	2
$X7$	4	4	3	1	1
$X8$	6	2	1	1	1
$X9$	4	4	3	1	1
$X10$	4	4	3	1	1

根据实际情况可将变量分为四类，结果如下：

第一类：$X1$、$X2$、$X5$、$X8$。

第二类：$X3$。

第三类：$X4$、$X7$、$X9$、$X10$。

第四类：$X6$。

对 $X1$、$X2$、$X5$、$X8$ 四个指标分别求每一个指标对其他三个指标的复相关系数 R，结果如下：

$R_{X1} = 0.813$

$R_{X2} = 0.826$

$R_{X5} = 0.915$

$R_{X8} = 0.589$

选择其中复相关系数最大的 $X5$ 作为代表。

对 $X4$、$X7$、$X9$、$X10$ 四个指标分别求每一个指标对其他三个指标的复相关系数 R，结果如下：

$R_{X4} = 0.605$

$R_{X7} = 0.937$

$R_{X9} = 0.498$

$R_{X10} = 0.939$

选择其中复相关系数最大的 $X10$ 作为代表。最终选择的指标是 $X3$、$X5$、$X6$、$X10$。

2. 提取公因子——因子分析

针对以上选取的指标 $X3$、$X5$、$X6$、$X10$ 做因子分析[①]，参考因子分析的具体操作方法，输出结果如图 16.3 至图 16.5 及表 16.3 至表 16.5 所示。

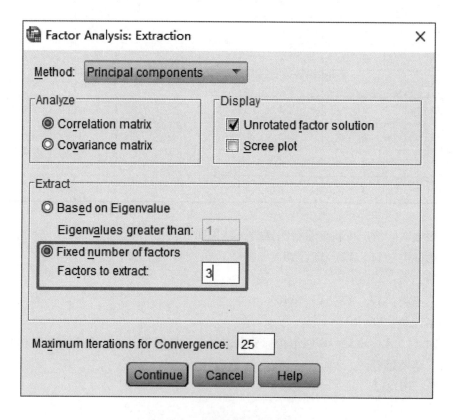

图 16.3 选择提取 3 个公因子

---

① 也可尝试不采用聚类分析，而是直接将 10 个变量做因子分析，看效果如何。

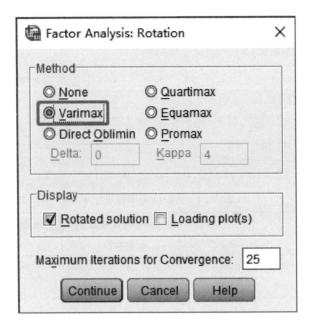

图 16.4　选择方差最大化的正交旋转

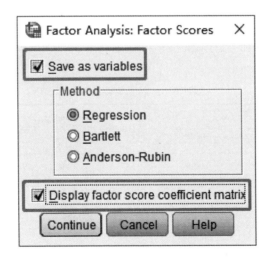

图 16.5　选择保存因子得分并输出得分系数

表 16. 3　KMO 和巴特莱特检验

Kaiser – Meyer – Olkin Measure of Sampling Adequacy.	0. 553
Bartlett's Test of Sphericity　Approx.　Chi – Square	8. 566
DF	6
Sig.	0. 199

表 16. 4　特征值与方差贡献率

Component	Initial Eigenvalues			Extraction Sums of Squared Loadings			Rotation Sums of Squared Loadings		
	Total	% of Variance	Cumulative %	Total	% of Variance	Cumulative %	Total	% of Variance	Cumulative %
1	1. 631	40. 768	40. 768	1. 631	40. 768	40. 768	1. 220	30. 500	30. 500
2	1. 032	25. 795	66. 563	1. 032	25. 795	66. 563	1. 216	30. 388	60. 888
3	0. 770	19. 258	85. 822	0. 770	19. 258	85. 822	0. 997	24. 934	85. 822
4	0. 567	14. 178	100. 000						

注：Extraction Method：Principal Component Analysis.

表 16. 5　因子旋转矩阵[a]

	Component		
	1	2	3
X3	0. 893	− 0. 125	0. 152
X5	− 0. 625	− 0. 616	− 0. 031
X6	0. 137	0. 135	0. 975
X10	− 0. 118	0. 895	0. 149

注：Extraction Method：Principal Component Analysis.

Rotation Method：Varimax with Kaiser Normalization.

a. Rotation converged in 5 iterations.

表 16.6　用于计算因子得分的系数矩阵

	Component		
	1	2	3
X3	0. 765	− 0. 221	0. 004
X5	− 0. 490	− 0. 482	0. 231
X6	− 0. 102	− 0. 098	1. 032
X10	− 0. 215	0. 769	0. 003

注：Extraction Method：Principal Component Analysis.

Rotation Method：Varimax with Kaiser Normalization.

Component Scores.

3 个公因子得分分别以变量名 FAC1_ 1、FAC2_ 1、FAC3_ 1 自动保存在数据窗口中（Data View）。有兴趣的读者可以根据计算因子得分的系数矩阵（见表 16.6）计算因子得分，结果与自动保存的得分值一致。

3. 计算综合得分

在"Transform"、"Computer variables"中分别输入"z"如下公式（1.2207 * FAC1_ 1 +1.216 * FAC2_ 1 +0.997 * FAC3_ 1）／（1.220 + 1.216 + 0.997），公式中的权重是表 16.4 中"Rotation Sums of Squared Loadings"中的"Total"这一列，即特征根，亦可使用表 16.4 中的"% of Variance"做权重，计算结果是一致的（见表 16.7）。

表 16.7　三个公因子得分以及综合得分

省份	X3	X5	X6	X10	FAC1_ 1	FAC2_ 1	FAC3_ 1	Z（综合得分）	排序
北京	35. 16	6. 21	99. 23	0. 03	− 2. 2715	0. 85744	0. 70079	− 0. 30040	25
天津	57. 02	10. 14	99. 26	0. 03	− 0. 13708	− 0. 06715	0. 84673	0. 17334	14
河北	61. 84	7. 17	98. 45	0. 04	0. 5602	0. 25053	0. 18433	0. 34140	8
山西	67. 47	7. 10	98. 11	0. 02	1. 32003	− 0. 32588	− 0. 06035	0. 33635	10
内蒙古	59. 03	10. 40	98. 04	0. 01	0. 26546	− 0. 46841	− 0. 02096	− 0. 07760	20
辽宁	57. 48	3. 32	98. 77	0. 05	0. 28079	0. 6613	0. 30096	0. 42140	5
吉林	54. 14	5. 07	95. 76	0. 02	0. 19727	0. 24683	− 1. 81053	− 0. 36816	27
黑龙江	52. 97	33. 43	98. 64	0. 02	− 1. 90853	− 1. 47028	1. 06939	− 0. 88867	29
上海	48. 35	6. 33	99. 12	0. 07	− 1. 03392	1. 14857	0. 63545	0. 22370	12
江苏	60. 48	5. 30	98. 9	0. 12	0. 0173	2. 08362	0. 46004	0. 87761	1

续表

省份	X3	X5	X6	X10	FAC1_1	FAC2_1	FAC3_1	Z（综合得分）	排序
浙江	58.48	5.54	98.02	0.08	0.12806	1.1882	-0.16932	0.41715	6
安徽	63.24	5.25	98.75	0.02	0.94567	-0.18953	0.34264	0.36856	7
福建	55.57	6.86	97.34	0.03	0.06569	0.22134	-0.62484	-0.07969	21
江西	64.07	5.95	98.85	0.01	1.03379	-0.43539	0.43411	0.33938	9
山东	59.69	8.12	98.54	0.11	-0.14373	1.70697	0.28158	0.63516	2
河南	62.27	8.12	98.43	0.04	0.56227	0.13851	0.19736	0.30625	11
湖北	55.13	8.08	98.56	0.03	-0.1253	0.01441	0.28412	0.04305	19
湖南	62.39	5.84	99.56	0.02	0.78364	-0.33907	0.93932	0.43125	4
广东	55.69	5.51	97.53	0.14	-0.54444	2.76328	-0.51629	0.63512	3
广西	60.47	8.15	97.20	0.01	0.63695	-0.38494	-0.68725	-0.10943	23
海南	63.21	11.82	96.83	0	0.78461	-0.83741	-0.84621	-0.26333	24
重庆	58.98	5.73	98.60	0.01	0.51754	-0.26671	0.24585	0.16092	16
四川	60.80	7.38	98.29	0.02	0.56499	-0.14569	0.07324	0.17053	15
贵州	65.38	8.36	97.8	0.01	1.13329	-0.65668	-0.24891	0.09806	17
云南	51.70	13.11	98.4	0.01	-0.71659	-0.4474	0.31109	-0.32286	26
西藏	40.65	25.33	91.85	0	-2.12836	-0.6454	-4.03878	-2.15789	31
陕西	58.54	15.99	99.01	0.02	-0.22198	-0.77022	0.83517	-0.10918	22
甘肃	58.23	4.67	98.83	0.01	0.49041	-0.21643	0.37972	0.20795	13
青海	66.52	23.67	96.66	0	0.42663	-1.62151	-0.62538	-0.60415	28
宁夏	60.14	4.03	97.73	0	0.85695	-0.31229	-0.42675	0.07015	18
新疆	48.87	33.69	99.31	0.01	-2.34012	-1.68062	1.55368	-0.97597	30

三、结果分析

从结果看，我国工业经济效益综合评价排在前10位的依次是江苏、山东、广东、湖南、辽宁、浙江、安徽、河北、江西、山西。这些省份要么有重工业，要么是沿海地区。

四、小知识

（1）复相关系数。复相关系数是度量复相关程度的指标，它可利用单相关系数和偏相关系数求得。复相关系数越大，表明要素或变量之间的线性相关程度越密切。可以依次选择 SPSS 中的"Analyze"、"Regression"、"Linear"输出复相关系数。例如，要计算 $X1$ 与 $X2$、$X3$、$X4$ 的复相关系数 R，则把 $X1$ 选入 "dependent variables"（因变量），把 $X2$、$X3$、$X4$ 选入 "independent variables"（自变量）中，点击 "OK" 即可。

（2）公共因子F_j对所有变量 X 的贡献。因子载荷矩阵各列元素的平方和如下：

$$s_j = \sum_{i=1}^{p} a_{ij}^2 , \ j = 1, \cdots, p$$

如果因子载荷矩阵 A 是通过主成分法得到的，则$s_j = \lambda_j$，其中λ_j是 Σ 的特征值。只需注意到$a_{ij} = r_{X_i F_j} = \rho (F_j, X_i)$，此处$X_i$、$F_j$都是标准化后的变量。

图 16.4 中选择了方差最大化（Varimax）的正交旋转按钮，计算综合得分时使用的是旋转后的因子载荷阵所对应的特征根，所以并没有$s_j = \lambda_j$，因此公式应该是：

$$\frac{s_1}{\sum\limits_{i=1}^{m} s_i} \cdot F1 + \frac{s_2}{\sum\limits_{i=1}^{m} s_i} \cdot F2 + \cdots + \frac{s_m}{\sum\limits_{i=1}^{m} s_i} \cdot Fm$$

其中，$s_j = \sum\limits_{i=1}^{p} a_{ij}^2$，且$a_{ij}$为旋转后的因子载荷阵。

第十七章 《多元统计分析》小论文

学完以上内容后，可以自己动手尝试写小论文，以巩固前面所学的知识，锻炼分析问题和解决问题的能力。下面是一些参考题目、注意事项以及数据来源等。

一、参考论文题目①

（1）《住宅价格、居民收入以及住房支付能力的分类研究》，作者彭义峰。

（2）《聚类和主成分回归在经济指标数据中的应用研究》，作者姜扬。

（3）《基于多元统计分析的股票最优投资模型》，作者李银。

（4）《聚类分析在金融数据分析中的应用研究》，作者冯伟。

（5）《聚类分析模型在纳税评估中的应用》，作者陈艳伍。

（6）《聚类分析和主成分回归在工业统计数据中的应用》，作者刘剑利。

（7）《基于聚类分析的 A 股市场套利策略研究》，作者白志伟。

（8）《基于 SPSS 中系统聚类的 CPI 分析》，作者赵姗姗。

（9）《聚类分析在股票市场板块分析中的应用》，作者邓秀勤。

（10）《聚类分析在股票分析中的应用》，作者李庆东。

（11）《聚类分析在股票成长性分析中的应用》，作者朱宁。

（12）《聚类分析和因子分析在股票研究中的应用》，作者柯冰。

（13）《聚类分析和因子分析在房地产股票市场中的应用实证分析报告》，作者张文琦。

（14）《聚类分析和判别分析在证券投资中的应用》，作者韩丽。

（15）《基于基本面的中小企业板上市公司股价值初探基于聚类分析和判别分析》，作者张树敏。

（16）《逐步判别分析在上市公司信用风险度量中的应用》，作者王天娥。

（17）《判别分析在上市公司信用风险度量中的应用》，作者谢亚鹏。

---

① 所有论文均可在中国知网搜索得到。

（18）《判别分析在机动车辆保险费率厘定中的应用》，作者陈雪莲。

（19）《基于 SPSS 的贝叶斯逐步线性判别法在煤炭种类识别中的应用》，作者王江荣。

（20）《Fisher 判别法的研究及应用》，作者赵丽娜。

（21）《逐步判别分析模型在识别上市公司财务欺诈中的应用》，作者华长生。

（22）《逐步贝叶斯判别分析中的变量优化方法研究》，作者胡建鹏。

（23）《学生成绩的 Fisher 判别》，作者张阁玉。

（24）《上证指数的判别分析研究》，作者颜世伟。

（25）《基于变量逐步选择的 Bayes 信用风险判别模型》，作者何树红。

（26）《基金投资绩效评估的实证分析》，作者揭磊。

（27）《Fisher 判别分析模型在上市公司信用风险度量中的应用》，作者翟东升。

（28）《逐步判别分析法在筛选水质评价因子中的应用》，作者卢文喜。

（29）《博江苏城市第三产业发展水平的实证分析》，作者童蕾。

（30）《多元统计方法在股票选取策略中的应用分析》，作者高凤伟。

（31）《多元统计分析在数学建模中的应用》，作者杜海霞。

（32）《多元统计分析在数学建模中的应用》，作者江开忠。

（33）《基于 SPSS 的股票选取策略》，作者马奔。

（34）《如何用 SPSS 软件一步算出主成分得分值》，作者林海明。

（35）《SPSS 因子分析在企业社会责任评价中的应用》，作者王楠。

（36）《SPSS 因子在证券市场个股分析中的应用研究》，作者邹宁。

（37）《基于 SPSS 的股票量化投资决策》，作者李磊。

（38）《基于 SPSS 统计软件的因子分析法及实证分析》，作者梁斌。

（39）《基于因子分析和聚类分析的股票分析方法以沪深 300 指数成分股为例》，作者郝瑞。

二、备选题目

（1）《聚类分析在协调我国区域性普通高等教育发展中的应用》，作者王丽。

（2）《我国各地区普通高等教育人力资源发展水平的统计分析》，作者孙志华。

（3）《基于因子分析的财产保险公司风险管理与监控研究》，作者杨丽。

（4）《基于因子分析的模糊综合评价算法改进研究及应用》，作者吴梓涵。

（5）《基于因子分析法的汽车行业业绩评价研究》，作者王泽平。

（6）《基于因子分析法的我国上市银行绩效研究》，作者万奕。

（7）《基于因子分析和 DEA 的金融生态环境综合评价研究》，作者程毅。

（8）《我国城市商业银行绩效研究》，作者彭才哲。

（9）《我国人口老龄化的预测》，作者陈剑飞。

（10）《我国上市公司财务状况对股票价格影响的实证分析》，作者刘婷婷。

（11）《学生成绩评价中的因子分析》，作者丁春忠。

（12）《因子分析和聚类分析在抽样调查数据中的应用》，作者刘罗曼。

（13）《基于稀疏主成分分析的股票投资组合研究》，作者彭丽。

（14）《我国投资者情绪度量及其对股票收益影响分析》，作者徐君戈。

（15）《Fisher 判别法的研究及应用》，作者赵丽娜。

（16）《高维数据下的判别分析及模型选择方法》，作者张艳丽。

（17）《基于 SPSS 的贝叶斯逐步线性判别法在煤炭种类识别中的应用》，作者王江荣。

（18）《判别分析在机动车辆保险费率厘定中的应用》，作者陈雪莲。

（19）《判别分析在上市公司信用风险度量中的应用》，作者谢亚鹏。

（20）《中国证券市场内幕交易和市场操纵的实证分析与判别研究》，作者马正欣。

（21）《基于主成分分析和粗糙集的聚类分析在经济指标数据中的应用》，作者陶思羽。

（22）《聚类分析和主成分回归在工业统计数据中的应用》，作者刘剑利。

（23）《聚类分析结果评价方法研究》，作者胡勇。

（24）《聚类分析模型在纳税评估中的应用》，作者陈艳伍。

（25）《聚类分析在金融数据分析中的应用研究》，作者冯伟。

（26）《聚类分析在客户关系管理中的研究与应用》，作者李斌。

（27）《聚类分析中聚类数的确定问题》，作者杨凌。

（28）《数据挖掘中的聚类分析及其在控制中的应用研究》，作者张国云。

（29）《用模糊聚类方法分析企业经营财务状况及股票价格波动》，作者谭成波。

（30）《住宅价格居民收入以及住房支付能力的分类研究》，作者彭义峰。

（31）《理性与规制对大学生逃课行为的因子分析》，作者王莉。

三、基本要求

（1）选题要基本符合本专业培养目标，论文内容要完整、条理清晰、层次分明、结构严谨，有一定的逻辑性。思路清晰、观点明确，文章所附的参考文献只是参考，可以根据自己的知识和能力突破已有的参考文献。

（2）在动手写论文前要考查数据的可得性，如果尝试了各种方法依然无法获取数据，可以考虑更换研究问题。

（3）关注文章中的实证部分，用 Word 书写全文，用 Visio 软件画流程图。

（4）碰到问题先自己搜索资料解决，再和同学讨论，最后可以咨询老师。

四、数据来源

（1）统计年鉴：CNKI 中国年鉴全文数据库。

（2）中国经济数据：中经网中国经济统计数据库。

（3）股票数据：国泰安经济金融研究数据库，Wind。

（4）台湾及亚太地区财经资料：TEJ 金融数据库。

（5）全球统计数据：EPS 全球统计数据/分析平台。

（6）国家统计局网站：http：//data. stats. gov. cn/。

（7）商务部网站：http：//www. mofcom. gov. cn/article/tongjiziliao/。

（8）中国地区经济发展报告：中经网中国地区经济发展报告。

（9）教学标本共享平台：http：//mnh. scu. edu. cn/。

（10）广东省生态环境厅：http：//gdee. gd. gov. cn/。

（11）人大经济论坛。

五、论文选题原则

（1）问题有趣，不能都是同类问题与方法，结论要有意义，论文要有用。

（2）计算正确、分析合理。

（3）写作规范、态度积极。

（4）方法有新意。

（5）思路清晰、言简意赅。

（6）所学方法覆盖全面，不排除"新"方法。

六、基本建议

按照一篇标准论文的结构顺序，有以下几点建议：

（1）题目。不要过大，要让读者从题目中知道研究的问题，能看到所用的关键工具更好。

（2）署名。论文要有署名，署名侧面反映作者的自信和承诺。

（3）摘要。非常重要，不要过长。可以开头用一句话讲背景，也可以不讲，重点介绍文章研究了什么问题，采用了什么研究方法和得出了什么研究结论，需要写出文章的亮点，即创新点。

（4）关键词。很重要，搜索论文就是按关键词搜索的。关键词要具有学术性，不能大众化，关键词要体现研究对象、研究方法。

（5）引言和文献综述。引言中需要交代文章的研究意义，文献综述部分按照一定的逻辑关系梳理和评述前人已有的研究结果。

（6）正文。在正文中注意交代清楚数据来源、指标选择的依据以及如何作数据预处理。

（7）结论。结论部分一定要中肯，不能宽泛地写自己的主观认知，更不能直接抄袭别人的观点，这样做是没有意义的，也失去了做数据分析或者做科学研究的本质意义。结论部分一定要实事求是地依据全文的研究结果而得到研究结论。

（8）参考文献。细节不能忽视，这是非常重要的一部分，一篇论文有时从参考文献看起，参考文献不规范也能反映论文正文的缺陷，列在参考文献中的论文一定是我们阅读过并引用的文献。借助百度学术、中国知网以及谷歌学术等工具，参考文献基本上可以直接导出。

七、可能存在的问题

（1）没有按要求完成写作，只是完成了一份实验报告。
（2）论文中没有注明数据来源，读者无法求证。
（3）在做主成分分析和因子分析之前没有做 KMO 检验。
（4）论文的研究结论脱离了正文的支撑。
（5）只列出了表格，写出了公式，但没有指出其意义。
（6）参考文献不规范。

总之，论文写作最重要的是自己写出的论文要能够说服自己。怎么做到这一点呢？需要作者踏踏实实地收集数据，认认真真地写作，一步一个脚印地呈现论文的各个部分，直至完成。如果在这个过程中感觉很吃力，则是论文写作比较"扎实"的一种表现。

附　录

一、多元正态分布

（1）若 $X = (X_1, \cdots, X_p)' \sim N_p(\mu, \sum)$，$\sum$ 是对角阵，则 $X_1, \cdots, X_p$ 相互独立；

证明：采用特征函数，考虑

$$\Phi_X(t) = \exp(it'\mu - \frac{1}{2}t'\sum t)$$

$$= \exp\{i(t_1\mu_1 + \cdots + t_p\mu_p) - \frac{1}{2}(t_1^2\sigma_{11} + \cdots + t_p^2\sigma_{pp})\}$$

$$= \exp(it_1\mu_1 - \frac{1}{2}t_1^2\sigma_{11}) \cdots \exp(it_p\mu_p - \frac{1}{2}t_p^2\sigma_{pp})$$

$$= \Phi_{X1}(t_1) \cdots \Phi_{Xp}(t_p)$$

故命题得证。

（2）若总体 $X = (X_1, \cdots, X_p)' \sim N_p(\mu, \sum)$，则每个分量 $X_i \sim N(\mu_i, \sigma_{ii})$（$i = 1, \cdots, p$）；$X$ 中的任何构成的向量也服从正态分布。

证明：1）因为 $X_1 = (1, 0, \cdots, 0)X$，故

$$\Phi_{X_1}(t_1) = E\exp(it_1X_1)$$

$$= E\exp(it_1(1, 0, \cdots, 0)X) = E\exp\{i \cdot [t_1(1, 0, \cdots, 0)] \cdot X\}$$

$$= \exp(it_1\mu_1 - \frac{1}{2}t_1^2\sigma_{11})$$

故 $X_1 \sim N(\mu_1, \sigma_{11})$

2）考虑 $X_{12} = (X_1, X_2)' = \begin{pmatrix} 1 & 0 & \cdots & 0 \\ 0 & 1 & \cdots & 0 \end{pmatrix}(X_1, X_2, \cdots, X_p)' = AX$，则

$$\Phi_{X_{12}}(t_1, t_2) = E\exp(i(t_1, t_2)AX)$$

$$= E\exp(i \cdot [(t_1, t_2)A] \cdot X) = E\exp\{i \cdot (t_1, t_2, \cdots, 0) \cdot X\}$$

$$= \exp(i(t_1\mu_1 + t_2\mu_2) - \frac{1}{2}(t_1^2\sigma_{11} + t_2^2\sigma_{22} + 2t_1t_2\sigma_{12})\}$$

$$= \exp\{i(t_1, \ t_2)(\mu_1, \ \mu_2)' - \frac{1}{2}(t_1, \ t_2)\begin{pmatrix} \sigma_{11} & \sigma_{12} \\ \sigma_{12} & \sigma_{22} \end{pmatrix}(t_1, \ t_2)'\}$$

故 $(X_1, \ X_2) \sim N\left((\mu_1, \ \mu_2)', \begin{pmatrix} \sigma_{11} & \sigma_{12} \\ \sigma_{12} & \sigma_{22} \end{pmatrix}\right)$，为正态分布。

(3) 若总体 $X = (X_1, \ \cdots, \ X_p)' \sim N_p(\mu, \ \sum)$，则随机变量的任意线性组合：$a'X = a_1X_1 + a_2X_2 + \cdots + a_pX_p \sim N(a'\mu, \ a'\sum a)$。反过来，如对任意向量 a，$a'X \sim N(a'\mu, \ a'\sum a)$，则 $X \sim N_p(\mu, \ \sum)$。

证明：1）令 $Y = a'X$，考虑

$$\Phi_{Y(t)}(t) = \text{Eexp}(it'Y)$$

$$= \text{Eexp}(it'Y) = \text{Eexp}\{it'a'X\}$$

$$= \exp\{i(t'a')\mu - \frac{1}{2}(t'a')\sum(t'a')'\}$$

$$= \exp\{i(t'a')\mu - \frac{1}{2}(t'a')\sum(at)\}$$

$$= \exp\{it'(a'\mu) - \frac{1}{2}t'(a'\sum a)t\}$$

故 $Y \sim N(a'\mu, a'\sum a)$。

2）因为，

$X = (1, \ 0, \ \cdots, \ 0)X + (0, \ 1, \ \cdots, \ 0)X + \cdots + (0, \ 0, \ \cdots, \ 1)X$

且

$$\Phi_X(t) = \text{Eexp}(it'X)$$

$$= \text{Eexp}(it'((1, \ 0, \ \cdots, \ 0)X + (0, \ 1, \ \cdots, \ 0)X + \cdots + (0, \ 0, \ \cdots, \ 1)X)\}$$

$$= \text{Eexp}\{it'((1, \ 0, \ \cdots, \ 0)X)\} \cdots \exp\{it'((0, \ 0, \ \cdots, \ 1)X)\}]$$

$$= \text{E}[\exp\{it_1X_1\} \cdots \exp\{it_pX_p\}]$$

特别地，

$$\Phi_X(e_1) = \text{Eexp}\{it_1X_1\}$$

$$= \exp\left\{it_1\mu_1 - \frac{1}{2}t_1^2\sigma_{11}\right)$$

走到这里发现行不通，故换一个思路如下：

令 $Y = t'X \sim N(t'\mu, \ t'\sum t)$，则

$$\Phi_Y(\theta) = \exp\left(i\theta't'\mu - \frac{1}{2}\theta't'\sum t\theta\right)$$

取 $\theta = 1$，则

$$\Phi_Y(1) = \text{Eexp}(iY) = \text{Eexp}(it'X) = \Phi_X(t) = \exp\left(it'\mu - \frac{1}{2}t'\sum t\right)$$

故 $X \sim N_p\left(\mu, \sum\right)$

（4）若 $X \sim N_p(\mu, \sum)$，A 为 $s \times p$ 阶常数阵，d 为 s 维常数向量，则 $AX + d \sim N_s(A\mu + d, A\sum A')$，即正态随机向量的线性函数还是正态的。

证明：令 $Y = AX + d$，考虑

$$\Phi_Y(t) = \text{Eexp}(it'Y) = \text{Eexp}\{it'(AX + d)\}$$

$$= \exp(it'd)\text{Eexp}(it'AX) = \exp(it'd)\{\text{Eexp}(i(t'A)X)$$

$$= \exp(it'd)\exp\left\{it'A\mu - \frac{1}{2}t'A\sum (t'A)'\right\}$$

$$= \exp(it'd)\exp\left\{it'A\mu - \frac{1}{2}t'A\sum A't\right\}$$

$$= \exp\left\{it'(A\mu + d) - \frac{1}{2}t'A\sum A't\right\}$$

命题得证。

（5）若 $X \sim N_p(\mu, \sum)$，$\left|\sum\right| > 0$，则 $(X - \mu)'\sum{}^{-1}(X - \mu) \sim \chi^2(p)$。

证明：考虑 $\Sigma = AA'$，则 $(X - \mu)'(AA')^{-1}(X - \mu) = (X - \mu)'(A^{-1})'A^{-1}(X - \mu) = [A^{-1}(X - \mu)]'A^{-1}(X - \mu)$。

下面证明：$Y = A^{-1}(X - \mu) \sim N(0, I_p)$。

因为，

$$\Phi_Y(t) = \text{Eexp}(it'Y) = \text{Eexp}\{it'A^{-1}(X - \mu)\}$$

$$= \exp(-it'\mu)\text{Eexp}(it'A^{-1}X)$$

$$= \exp(-iA^{-1}t'\mu)\exp\left(it'A^{-1}\mu - \frac{1}{2}t'A^{-1}\sum (A^{-1})'t\right)$$

$$= \exp\left(-\frac{1}{2}t't\right)$$

$$= \exp(it'd)\exp\left\{it'A\mu - \frac{1}{2}t'A\sum A't\right\}$$

$$= \exp\left\{it'(A\mu + d) - \frac{1}{2}t'A\sum A't\right\}$$

由 $\chi^2(p)$ 的定义得证。

（6）设随机向量 $X = (X_1, X_2)'$ 联合密度为：

$$f(x_1, x_2) = \begin{cases} 8x_1x_2, & 0 \le x_1 \le x_2, \ 0 \le x_2 \le 1 \\ 0, & \text{other} \end{cases}$$

问：X_1 与 X_2 是否相互独立？

解：因为 X_1 的边缘密度函数为：

$$f_{X_1}(x_1) = \int_{-\infty}^{+\infty} f(x_1, x_2) dx_2$$

$$= \begin{cases} \int_{x_1}^{1} 8x_1 x_2 dx_2, & 0 \leq x_1 \leq 1 \\ 0, & \text{other} \end{cases}$$

$$= \begin{cases} 8x_1 \cdot \dfrac{x_2^2}{2} \big|_{x_1}^{1}, & 0 \leq x_1 \leq 1 \\ 0, & \text{other} \end{cases}$$

$$= \begin{cases} 4x_1(1 - x_1^2), & 0 \leq x_1 \leq 1 \\ 0, & \text{other} \end{cases}$$

同理，X_2 的边缘密度函数为：

$$f_{X_2}(x_2) = \int_{-\infty}^{+\infty} f(x_1, x_2) dx_1$$

$$= \begin{cases} \int_{0}^{x_2} 8x_1 x_2 dx_1, & 0 \leq x_2 \leq 1 \\ 0, & \text{other} \end{cases}$$

$$= \begin{cases} 8x_2 \cdot \dfrac{x_1^2}{2} \bigg|_{0}^{x_2}, & 0 \leq x_2 \leq 1 \\ 0, & \text{other} \end{cases}$$

$$= \begin{cases} 4x_2^3, & 0 \leq x_2 \leq 1 \\ 0, & \text{other} \end{cases}$$

故

$$f_{X_1}(x_1) \cdot f_{X_2}(x_2) = \begin{cases} 16x_1 x_2^3(1 - x_1^2), & 0 \leq x_1 \leq 1, \ 0 \leq x_2 \leq 1 \\ 0, & \text{other} \end{cases} \neq f(x_1, x_2)$$

即 X_1 与 X_2 不相互独立。

二、平方和分解公式

设有 k 个 p 元总体，从第 a 个总体中抽取 n_a 个样品：

$$X_i^a = (X_{i1}^{(a)}, \ X_{i2}^{(a)}, \ \cdots, \ X_{ip}^{(a)})$$

其中，$a = 1, 2, \cdots, k$，$i = 1, 2, \cdots, n_a$。

引入总均值向量：

$$\overline{X} = \frac{1}{n} \sum_{a=1}^{k} \sum_{i=1}^{n_a} X_i^{(a)} \triangleq (\overline{X}_1, \overline{X}_2, \cdots, \overline{X}_p)$$

各总体样品的均值向量:

$$\overline{X}^{(a)} = \frac{1}{n_a} \sum_{i=1}^{n_a} X_i^{(a)} \triangleq (\overline{X}_1^{(a)}, \overline{X}_2^{(a)}, \cdots, \overline{X}_p^{(a)})$$

其中,

$$\overline{X}_j^{(a)} = \frac{1}{n_a} \sum_{i=1}^{n_a} X_{ij}^{(a)}$$

命题 1. 设

组间离差阵:

$$A = \sum_{a=1}^{k} n_a (\overline{X}^{(a)} - \overline{X})'(\overline{X}^{(a)} - \overline{X})$$

组内离差阵:

$$E = \sum_{a=1}^{k} \sum_{i=1}^{n_a} (X_i^{(a)} - \overline{X}^{(a)})'(X_i^{(a)} - \overline{X}^{(a)})$$

总离差阵:

$$T = \sum_{a=1}^{k} \sum_{i=1}^{n_a} (X_i^{(a)} - \overline{X})'(X_i^{(a)} - \overline{X})$$

则

$$T = A + E$$

以上分解出现在多元方差分析中, 当 $p = 1$ 时, 即为单因素方差分析中的平方和分解式。

因为,

$$
\begin{aligned}
T &= \sum_{a=1}^{k} \sum_{i=1}^{n_a} (X_i^{(a)} - \overline{X})'(X_i^{(a)} - \overline{X}) \\
&= \sum_{a=1}^{k} \sum_{i=1}^{n_a} (X_i^{(a)} - \overline{X} - \overline{X}^{(a)} + \overline{X}^{(a)})'(X_i^{(a)} - \overline{X} - \overline{X}^{(a)} + \overline{X}^{(a)}) \\
&= \sum_{a=1}^{k} \sum_{i=1}^{n_a} (X_i^{(a)} - \overline{X}^{(a)} + \overline{X}^{(a)} - \overline{X})'(X_i^{(a)} - \overline{X}^{(a)} + \overline{X}^{(a)} - \overline{X}) \\
&= \sum_{a=1}^{k} \sum_{i=1}^{n_a} [(X_i^{(a)} - \overline{X}^{(a)})'(X_i^{(a)} - \overline{X}^{(a)}) + (X_i^{(a)} - \overline{X}^{(a)})'(\overline{X}^{(a)} - \overline{X}) + \\
&\qquad (\overline{X}^{(a)} - \overline{X})'(X_i^{(a)} - \overline{X}^{(a)}) + (\overline{X}^{(a)} - \overline{X})'(\overline{X}^{(a)} - \overline{X})] \\
&= \sum_{a=1}^{k} \sum_{i=1}^{n_a} [(X_i^{(a)} - \overline{X}^{(a)})'(X_i^{(a)} - \overline{X}^{(a)}) + 2(X_i^{(a)} - \overline{X}^{(a)})'(\overline{X}^{(a)} - \overline{X}) +
\end{aligned}
$$

$$(\bar{X}^{(a)} - \bar{X})'(\bar{X}^{(a)} - \bar{X})]$$

$$= \sum_{a=1}^{k} \sum_{i=1}^{n_a} [(X_i^{(a)} - \bar{X}^{(a)})'(X_i^{(a)} - \bar{X}^{(a)}) + 2\sum_{a=1}^{k} \sum_{i=1}^{n_a} (X_i^{(a)} - \bar{X}^{(a)})'(\bar{X}^{(a)} - \bar{X}) +$$

$$\sum_{a=1}^{k} \sum_{i=1}^{n_a} (\bar{X}^{(a)} - \bar{X})'(\bar{X}^{(a)} - \bar{X})$$

注意到,

$$\sum_{i=1}^{n_a} (X_i^{(a)} - \bar{X}^{(a)})'(\bar{X}^{(a)} - \bar{X}) = (\sum_{i=1}^{n_a} X_i^{(a)} - n_a \bar{X}^{(a)})'(\bar{X}^{(a)} - \bar{X}) = 0$$

故

$$T = \sum_{a=1}^{k} \sum_{i=1}^{n_a} (X_i^{(a)} - \bar{X})'(X_i^{(a)} - \bar{X})$$

$$= \sum_{a=1}^{k} \sum_{i=1}^{n_a} (X_i^{(a)} - \bar{X}^{(a)})'(X_i^{(a)} - \bar{X}^{(a)}) + \sum_{a=1}^{k} \sum_{i=1}^{n_a} (\bar{X}^{(a)} - \bar{X})'(\bar{X}^{(a)} - \bar{X})$$

$$= E + A$$

三、离差平方和法

命题 2. 离差平方和法有递推公式如下:

$$D_{kr}^2 = \frac{n_k + n_p}{n_r + n_k} D_{kp}^2 + \frac{n_k + n_q}{n_r + n_k} D_{kq}^2 - \frac{n_k}{n_r + n_k} D_{pq}^2 \tag{附 3.1}$$

证法一。由定义:

$$D_{pq}^2 = S_r - S_p - S_q$$

将 S_t 表示成:

$$S_t = \sum_{i=1}^{n_t} x'_{it} x_{it} - n_t \bar{x}'_t \bar{x}_t$$

故

$$D_{pq}^2 = \sum_{i=1}^{n_r} x'_{ir} x_{ir} - n_r \bar{x}'_i \bar{x}_r - \sum_{i=1}^{n_p} x'_{ip} x_{ip} + n_p \bar{x}'_p \bar{x}_p - \sum_{i=1}^{n_q} x'_{iq} x_{iq} + n_q \bar{x}'_q \bar{x}_q$$

$$= n_q \bar{x}'_q \bar{x}_q + n_q \bar{x}'_q \bar{x}_q - n_r \bar{x}'_r \bar{x}_r \tag{附 3.2}$$

利用关系式:

$$n_r \bar{x}_r = n_p \bar{x}_p + n_q \bar{x}_q$$

将两边"平方",得:

$$n_r^2 \bar{x}'_r \bar{x}_r = n_p^2 \bar{x}'_p \bar{x}_p + n_q^2 \bar{x}'_q \bar{x}_q + 2 n_p n_q \bar{x}'_p \bar{x}_q \tag{附 3.3}$$

再利用:

$$2\,\overline{x}'_p\overline{x}_q = \overline{x}'_p\overline{x}_p + \overline{x}'_q\overline{x}_q - (\overline{x}_p - \overline{x}_q)'(\overline{x}_p - \overline{x}_q) \tag{附3.4}$$

将式（附3.4）代入式（附3.3）中

$$n_r^2\overline{x}'_r\overline{x}_r = n_p(n_p + n_q)\overline{x}'_p\overline{x}_p + n_q(n_p + n_q)\overline{x}'_q\overline{x}_q - n_pn_q(\overline{x}_p - \overline{x}_q)'(\overline{x}_p - \overline{x}_q)$$

再利用 $n_r = n_p + n_q$ 得：

$$\overline{x}'_r\overline{x}_r = \frac{n_p}{n_r}\overline{x}'_p\overline{x}_p + \frac{n_q}{n_r}\overline{x}'_q\overline{x}_q - \frac{n_pn_q}{n_r^2}(\overline{x}_p - \overline{x}_q)'(\overline{x}_p - \overline{x}_q)$$

代入到式（附3.2）中得：

$$D_{pq}^2 = \frac{n_pn_q}{n_r}(\overline{x}_p - \overline{x}_q)'(\overline{x}_p - \overline{x}_q) \tag{附3.5}$$

用类似的手法可以推得（附3.1）。

引理1 设 $x_1, \cdots, x_n$ 是任意 n 个数，则

$$\sum_{i=1}^n (x_i - \overline{x})^2 = \frac{1}{n}\sum_{i=1}^n\sum_{j=1}^i (x_i - x_j)^2 \tag{附3.6}$$

如果 $x_1, \cdots, x_n$ 换成 m 维向量时式（附3.6）成为：

$$\sum_{i=1}^n (x_i - \overline{x})'(x_i - \overline{x}) = \frac{1}{n}\sum_{i=1}^n\sum_{j=1}^i (x_i - x_j)'(x_i - x_j) \tag{附3.7}$$

证法二。这时，

$$S_t = \frac{1}{n_t}\sum_{i=1}^{n_t}\sum_{j=1}^i (x_{it} - x_{jt})'(x_{it} - x_{jt}) \tag{附3.8}$$

或者简记为：

$$S_t = \frac{1}{n_t}\sum_{G_t}$$

于是，

$$D_{pq}^2 = S_r - S_p - S_q = \frac{1}{n}\sum_{G_p\cup G_q} - \frac{1}{n_p}\sum_{G_p} - \frac{1}{n_q}\sum_{G_q} \tag{附3.9}$$

开始 $n_p = n_q = 1$，$n_r = 2$，式（附3.9）右边后两项为0，第一项只有1项，

$$D_{pq}^2 = \frac{1}{2}(x_p - x_q)'(x_p - x_q)$$

这是式（附3.5）的特例，为了证明式（附3.1），只要注意：

$$D_{kr}^2 = \frac{1}{n_r + n_k}\sum_{G_k\cup G_r} - \frac{1}{n_r}\sum_{G_r} - \frac{1}{n_k}\sum_{G_k}$$

$$= \frac{1}{n_r + n_k}\{\sum_{G_k\cup G_p} + \sum_{G_k\cup G_q} + \sum_{G_p\cup G_q} - \sum_{G_p} - \sum_{G_q} - \sum_{G_k}\} - \frac{1}{n_r}\sum_{G_r} - \frac{1}{n_k}\sum_{G_k}$$

$$\tag{附3.10}$$

$$D_{kp}^2 = \frac{1}{n_k + n_p} \sum_{G_k \cup G_p} - \frac{1}{n_p} \sum_{G_p} - \frac{1}{n_k} \sum_{G_k} \qquad (\text{附 } 3.11)$$

$$D_{kq}^2 = \frac{1}{n_k + n_q} \sum_{G_k \cup G_q} - \frac{1}{n_q} \sum_{G_q} - \frac{1}{n_k} \sum_{G_k} \qquad (\text{附 } 3.12)$$

及式(附3.9),用$\dfrac{n_k + n_p}{n_k + n_r}$乘式(附3.10)加上$\dfrac{n_k + n_q}{n_k + n_r}$乘式(附3.12)减去$\dfrac{n_k}{n_k + n_r}$乘式(附3.10)稍加整理即为(附3.1)。

四、多元正态分布的参数估计

命题3. 设$X_{(i)}, i = 1, \cdots, n$为$p$元正态总体$N_p(\mu, \sum)$的样本,$n > p$,则$\mu, \sum$的极大似然估计为$\hat{\mu} = \overline{X}$,$\hat{\sum} = \dfrac{1}{n} A$,其中,

$$\overline{X} = \frac{1}{n} \sum_{i=1}^{n} X_{(i)}, A = \sum_{\alpha=1}^{n} (X_{(\alpha)} - \overline{X})(X_{(\alpha)} - \overline{X})'$$

1. 似然函数$L(\mu, \sum)$

把随机数据阵X按行拉长后形成的np维长向量$Vec(X')$的联合密度函数看成未知参数$\mu, \sum$的函数,并称为样本$X_{(i)}$, $i = 1$, $\cdots$, n 的似然函数,记为$L(\mu, \sum)$:

$$L(\mu, \sum) = \prod_{i=1}^{n} \frac{1}{(2\pi)^{p/2} \left| \sum \right|^{1/2}} \exp\left[-\frac{1}{2} (x_{(i)} - \mu)' \sum{}^{-1} (x_{(i)} - \mu) \right]$$

$$= \frac{1}{(2\pi)^{np/2} \left| \sum \right|^{n/2}} \exp\left[-\frac{1}{2} \sum_{i=1}^{n} (x_{(i)} - \mu)' \sum{}^{-1} (x_{(i)} - \mu) \right]$$

$$= \frac{1}{(2\pi)^{np/2} \left| \sum \right|^{n/2}} \exp\left[-\frac{1}{2} \sum_{i=1}^{n} Tr(\sum{}^{-1} (x_{(i)} - \mu)(x_{(i)} - \mu)') \right]$$

$$= \frac{1}{(2\pi)^{np/2} \left| \sum \right|^{n/2}} \exp\left[Tr(-\frac{1}{2} \sum{}^{-1} \sum_{i=1}^{n} (x_{(i)} - \mu)(x_{(i)} - \mu)') \right]$$

$$= \frac{1}{(2\pi)^{np/2} \left| \sum \right|^{n/2}} Etr(-\frac{1}{2} \sum{}^{-1} \sum_{i=1}^{n} (x_{(i)} - \mu)(x_{(i)} - \mu)')$$

2. 迹的一个性质

引理2. 设B为p阶正定矩阵,则

$TrB - \ln|B| \geqslant P$

且等号成立的充分必要条件是$B = I_p$。

因为 $B>0$，所以 B 的全部特征值 λ_1，$\cdots$，$\lambda_p>0$，且 $|B|=\lambda_1\cdots\lambda_p$ 利用不等式 $\ln(1+x)\leqslant x$（当 $x+1>0$ 时），可得：

$$\ln|B| = \sum_{i=1}^{P}\ln\lambda_i = \sum_{i=1}^{P}\ln[1+(\lambda_i-1)]$$

$$\leqslant \sum_{i=1}^{P}(\lambda_i-1) = \mathrm{Tr}(B)-p$$

所以，

$$\mathrm{Tr}(B) -\ln|B|\geqslant p$$

因为不等式 $\ln(1+x)\leqslant x$ 中的等号仅当 $x=0$ 时成立。故引理给出的不等式仅当 $\lambda_i-1=0$，$i=1$，$\cdots$，p 时成立（用到矩阵对角化的结论）。反之，当 $B=I_p$ 时，$\ln|I_p|=0$，$\mathrm{Tr}B=p$，故引理中等号成立。

3. $\ln L(\mu,\Sigma)$ 的最大值点

由于 $\ln x$ 是 x 的单调函数，$L(\mu,\Sigma)$ 与 $\ln L(\mu,\Sigma)$ 有相同的最大值点。以下讨论 $\ln L(\mu,\Sigma)$ 的最大值点，并且注意到，

$$\sum_{i=1}^{n}(x_{(i)}-\mu)(x_{(i)}-\mu)' = A+n(\overline{X}-\mu)(\overline{X}-\mu)'$$

当给定 $\Sigma>0$ 时，有

$$\ln L(\mu,\Sigma) = -\frac{np}{2}\ln 2\pi - \frac{n}{2}\ln\left|\sum\right| - \frac{1}{2}\mathrm{Tr}\left[\sum^{-1}\sum_{i=1}^{n}(x_{(i)}-\mu)(x_{(i)}-\mu)'\right]$$

$$= C - \frac{1}{2}\mathrm{Tr}\left[\sum^{-1}A + n\sum^{-1}(\overline{X}-\mu)(\overline{X}-\mu)'\right]$$

$$= C - \frac{1}{2}\mathrm{Tr}(\sum^{-1}A) - \frac{n}{2}\left[(\overline{X}-\mu)'(\overline{X}-\mu)\right]$$

$$\leqslant C - \frac{1}{2}\mathrm{Tr}(\sum^{-1}A)$$

以上不等式仅当 $\mu=\overline{X}$ 时等号成立，即对于固定的 $\Sigma>0$，有

$$\ln L(\overline{X},\sum) = \max_{\mu}\ln L(\mu,\Sigma)$$

固定 $\mu=\overline{X}$ 时，由引理得：

$$\ln L(\overline{X},\sum) = -\frac{np}{2}\ln(2\pi) - \frac{n}{2}\ln\left|\sum\right| - \frac{1}{2}\mathrm{Tr}(\sum^{-1}A)$$

$$= -\frac{np}{2}\ln(2\pi) - \frac{n}{2}\left[\ln\left|\sum\right| + \mathrm{Tr}(\sum^{-1}\frac{A}{n})\right]$$

$$= C_1 - \frac{n}{2}\left[\mathrm{Tr}\left(\sum^{-1}\frac{A}{n}\right) - \ln\left|\sum^{-1}\frac{A}{n}\right| + \ln\left|\frac{A}{n}\right|\right]$$

$$\leqslant C_2 - \frac{np}{2} - \frac{n}{2}\ln\left|\frac{A}{n}\right|$$

若 $B = \sum^{-1/2} \frac{A}{n} \sum^{-1/2}$ 是正定阵,由引理可知以上不等式的等号仅当 $B =$

$\sum^{-1/2} \frac{A}{n} \sum^{-1/2} = I_p$,即 $\sum = \frac{A}{n}$ 时成立。所以,

$$\ln L\left(\bar{X}, \frac{1}{n}A\right) = \max_{\sum > 0}\ln L(\bar{X}, \sum) = -\frac{np}{2}(1 + \ln(2\pi)) - \frac{n}{2}\ln\left|\frac{A}{n}\right|$$

因而似然函数 $L(\mu, \sum)$ 的最大值为:

$$L\left(\bar{X}, \frac{1}{n}A\right) = \left(\frac{n}{2\pi e}\right)^{np/2} |A|^{-n/2}$$

实际上,当 $n > p$ 时,几乎处处有 $B = \sum^{-1/2}\frac{A}{n}\sum^{-1/2}$ 是正定的。

五、多元正态分布均值的检验

1. 极大似然比原理

似然比检验的思想是:如果参数约束是有效的,那么加上这样的约束不应该引起似然函数最大值的大幅度降低。

似然比定义为有约束条件下的似然函数最大值与无约束条件下似然函数最大值之比。设 p 元总体的密度函数为 $f(x, \theta)$,其中,θ 是未知参数,且 $\theta \in \Theta$(参数空间),又设 $\Theta_0 \subset \Theta$。

假设检验:

H_0:$\theta \in \Theta_0 \leftrightarrow H_1$:$\theta \notin \Theta_0$

从总体 X 中抽取容量为 n 的样本 X_α,$\alpha = 1$,$\cdots$,n,把样本的联合密度函数:

$$L(x_{(1)}, \cdots, x_{(n)}; \theta) = \prod_{\alpha=1}^{n} f(x_{(\alpha)}; \theta)$$

记为 $L(X; \theta)$,引入统计量

$$\lambda = \max_{\theta \in \Theta_0} L(X; \theta) / \max_{\theta \in \Theta} L(X; \theta)$$

它是样本 X_α,$\alpha = 1$,$\cdots$,n 的函数,称 λ 为似然比统计量。如果某次实验结果 X_α,$\alpha = 1$,$\cdots$,n 代入上式后发现 λ 取值太小,说明 H_0 为真时观测到此样本 X_α 的概率比 H_0 为不真时观测到此样本 X_α 的概率小得多。故有理由认为假设 H_0 不成立,所以从似然比出发,以上检验问题的否定域为:

$$\{\lambda(X_{(1)}, \cdots, X_{(n)}) < \lambda_\alpha\}$$

2. 当总体 $\sum$ 未知时均值 μ 的假设检验

设总体为 $X \sim N_p\left(\mu,\ \sum\right)$ （$\sum$ 未知），样本为 X_α, $\alpha = 1,\ \cdots,\ n$. 假设检验问题：

$H_0:\ \mu = \mu_0 \leftrightarrow H_1:\ \mu \neq \mu_0$

则检验统计量为：

$T^2 = (n-1)\ n\ \left(\overline{X} - \mu_0\right)' A^{-1}\ \left(\overline{X} - \mu_0\right)\ \sim T^2\ \left(p,\ n-1\right)$

拒绝域为：

$\{T^2 > T_\alpha^2\}$

其中，

$\overline{X} = \dfrac{1}{n} \sum\limits_{i=1}^{n} X_{(i)},\ A = \sum\limits_{\alpha=1}^{n} \left(X_{(\alpha)} - \overline{X}\right)\left(X_{(\alpha)} - \overline{X}\right)'$

且 T_α^2 为 $T^2\ \left(p,\ n-1\right)$ 分布的上 α 分位数。

设样本的似然函数为 $L\left(\mu,\ \sum\right)$，则检验 $\mu = \mu_0$ 的似然比统计量为：

$\lambda = \dfrac{\max\limits_{\mu = \mu_0,\ \sum > 0} L\left(\mu_0,\ \sum\right)}{\max\limits_{\mu,\ \sum > 0} L\left(\mu,\ \sum\right)}$

由参数估计的证明知：分母 $\max\limits_{\mu,\ \sum > 0} L\left(\mu,\ \sum\right)$ 在 $\mu = \overline{X}$, $\sum = \dfrac{1}{n} A$ 时达到最大值，且最大值为

$\max\limits_{\mu,\ \sum > 0} L\left(\mu,\ \sum\right) = \left(2\pi\right)^{-np/2} \left|\dfrac{1}{n} A\right|^{-n/2} e^{-np/2}$

分子 $\max\limits_{\mu = \mu_0,\ \sum > 0} L\left(\mu_0,\ \sum\right)$ 在 $\sigma = \dfrac{1}{n} \sum\limits_{i=1}^{n} \left(X_{(i)} - \mu_0\right)\left(X_{(i)} - \mu_0\right)' = \dfrac{1}{n} A_0$ 时达到最大值，且最大值为：

$\max\limits_{\sum > 0} L\left(\mu_0,\ \sum\right) = \left(2\pi\right)^{-np/2} \left|\dfrac{1}{n} A_0\right|^{-n/2} e^{-np/2}$

故 $\lambda = \dfrac{|A_0|^{-n/2}}{|A|^{-n/2}} = \left(\dfrac{|A|}{|A_0|}\right)^{n/2}$

注意到，

$A_0 = A + n\ \left(\overline{X} - \mu_0\right)\ \left(\overline{X} - \mu_0\right)'$

且由分块矩阵的行列式的性质，有：

$|A_0| = \left|A + n\ \left(\overline{X} - \mu_0\right)\ \left(\overline{X} - \mu_0\right)'\right|$

$= \begin{vmatrix} A & -\sqrt{n}\ \left(\overline{X} - \mu_0\right) \\ \sqrt{n}\ \left(\overline{X} - \mu_0\right) & 1 \end{vmatrix}$

$$= |A| \cdot (1 + n \, (\overline{X} - \mu_0)' A^{-1} \, (\overline{X} - \mu_0))$$

所以,

$$\left| \frac{A}{A_0} \right| = \frac{1}{1 + n(\overline{X} - \mu_0)' A^{-1} (\overline{X} - \mu_0)} = \frac{1}{1 + \frac{1}{n-1} T^2}$$

其中,

$$T^2 = (n-1) n (\overline{X} - \mu_0)' A^{-1} (\overline{X} - \mu_0) \overset{H_0成立时}{\sim} T^2(p, \ n-1)$$

因此拒绝域:

$$\{\lambda < \lambda_\alpha\} \Leftrightarrow \{T^2 > T_\alpha^2\}$$

六、有序样品聚类

1. 概念

如果用 $X_{(1)}$, $\cdots$, $X_{(n)}$ 表示 n 个有序的样品,则每一类必须是这样的形式:

$$\{X_{(i)}, \ X_{(i+1)}, \ \cdots, \ X_{(i+k)}\}$$

其中, $1 \leq i \leq n$, $k \geq 0$ 且 $i + k \leq n$,即同一类样品必须是相互邻接的。研究这样的分类问题称为有序样品的聚类法。该方法由 Fisher(1958)提出。通常,寻找最好分割的一个依据就是使各段内部样品之间的差异最小,而各段样品之间的差异较大,所以有序样品聚类法又称最优分割法。

2. 类的直径

设有序样品依次为 $X_{(1)}$, $X_{(2)}$, $\cdots$, $X_{(n)}$($X_{(i)}$ 为 p 维向量),某一类 G 包含的样品有 $\{X_{(i)}, \ X_{(i+1)}, \ \cdots, \ X_{(j)}\}$($j > i$),记:

$$\overline{X}_G = \frac{1}{j - i + 1} \sum_{t=i}^{j} X_{(t)}$$

用 $D(i, j)$ 表示这一类的直径:

$$D(i, j) = \sum_{t=i}^{j} (X_{(t)} - \overline{X}_G)'(X_{(t)} - \overline{X}_G)$$

3. 分类的损失函数

用 $b(n, k)$ 表示将 n 个有序样品分为 k 类的某一种分法,常记分法 $b(n, k)$ 为:

$$\{X_{i_1}, \ X_{i_1+1}, \ \cdots, \ X_{i_2-1}\}, \ \{X_{i_2}, \ X_{i_2+1}, \ \cdots, \ X_{i_3-1}\}, \ \cdots, \ \{X_{i_k}, \ X_{i_k+1}, \ \cdots, \ X_n\}$$

或简记为:

$$\{i_1, \ i_1+1, \ \cdots, \ i_2-1\}, \ \{i_2, \ i_2+1, \ \cdots, \ i_3-1\}, \ \cdots, \ \{i_k, \ i_k+1, \ \cdots, \ n\}$$

其中分点为: $1 = i_1 < i_2 < \cdots < i_k < n = i_{k+1} - 1$,即 $i_{k+1} = n + 1$,定义这种分类

法为：

$$L[b(n,k)] = \sum_{t=1}^{k} D(i_t, i_t - 1)$$

当 n、k 固定时，$L[b(n,k)]$ 越小表示各类的离差平方和越小，分类是合理的，因此要寻找一种分法 $b(n,k)$，使分类损失函数 L 达最小，记 $P(n,k)$ 是使 $L[b(n,k)]$ 达极小的分类法。

4. 损失函数 $L[b(n,k)]$ 的递推公式

Fisher 算法最核心的部分是利用公式：

$$L[P(n,2)] = \min_{2 \leq j \leq n} \{D(1, j-1) + D(j,n)\}, \ 2 \leq j \leq n$$

$$L[P(n,k)] = \min_{k \leq j \leq n} \{L[P(j-1, k-1)] + D(j,n)\}$$

其中，第二式表示若要将 n 个样品分为 k 类的最优分割，应建立在将 $j-1$ 个样品分为 $k-1$ 类的最优分割基础上（这里 $j = 2, 3, \cdots, n$）。

5. 最优解求法

若分类数 k $(1 < k < n)$，求分类法 $P(n,k)$ 使它在损失函数意义下达最小，其求法如下：

（1）找分点 j_k 使 $L[P(n,k)] = L[P(j_k - 1, k-1)] + D(j_k, n)$ 达最小，于是得第 k 类 $G_k = \{j_k, j_k + 1, \cdots, n\}$。

（2）找 j_{k-1}，使它满足 $L[P(j_k - 1, k-1)] = L[P(j_{k-1} - 1, k-2)] + D(j_{k-1}, j_k - 1)$ 得到第 $k-1$ 类 $G_{k-1} = \{j_{k-1}, \cdots, j_k - 1\}$。

（3）类似的方法依次可得到所有类 $G_1, G_2, \cdots, G_k$，这就是所求的最优解，即

$$P(n,k) = \{G_1, G_2, \cdots, G_k\}$$

总之，为了求解最优解，主要是计算，

$\{D(i,j), 1 \leq i < j \leq n\}$ 和 $\{L[P(i,j)], 1 \leq i \leq n, i \leq j \leq n\}$

最优分割法分类的依据是离差平方和，而算法的核心部分是两个递推公式。

6. 算例

为了解儿童的生长发育规律，统计了男孩从出生到 11 岁每年平均增长的重量见附表 6.1，试问男孩发育可分为几个阶段？

附表 6.1　男孩每年平均增长的重量

年龄（岁）	1	2	3	4	5	6	7	8	9	10	11
增加重量（千克）	9.3	1.8	1.9	1.7	1.5	1.3	1.4	2.0	1.9	2.3	2.1

资料来源：任雪松，于秀林. 多元统计分析 [M]. 北京：中国统计出版社，2013.

（1）计算直径 $\{D\ (i,\ j),\ 1\leqslant i<j\leqslant 11\}$。

因为 $p=1$，故 $D\ (i,\ j)\ =\ \sum\limits_{t=i}^{j}\ (X_{(t)}-\overline{X}_G)^2$，计算 $D\ (5,\ 7)$，此时 $G=\{X_{(5)},\ X_{(6)},\ X_{(7)}\}$，故

$$\overline{X}_G=\frac{1}{3}\ (1.5+1.3+1.4)\ =1.4$$

$$D\ (5,\ 7)\ =\ (1.5-1.4)^2+\ (1.3-1.4)^2+\ (1.4-1.4)^2=0.02$$

具体如附表6.2所示。

附表6.2

	1	2	3	4	5	6	7	8	9	10
2	28.125									
3	37.007	0.005								
4	42.208	0.02	0.02							
5	45.992	0.088	0.08	0.02						
6	49.128	0.232	0.2	0.08	0.02					
7	51.1	0.28	0.232	0.088	0.02	0.005				
8	51.529	0.417	0.393	0.308	0.29	0.287	0.18			
9	51.98	0.469	0.454	0.393	0.388	0.37	0.207	0.005		
10	52.029	0.802	0.8	0.774	0.773	0.708	0.42	0.087	0.08	
11	52.182	0.909	0.909	0.895	0.899	0.793	0.452	0.088	0.08	0.02

（2）计算最小分类损失函数 $\{L\ [P\ (l,\ k)],\ 3\leqslant l\leqslant 11,\ 2\leqslant k\leqslant 10\}$，即分别计算将11个样品分成2类、3类、……，10类时，最优分割的损失函数所有结果。

1）计算 $\{L\ [P\ (l,\ 2)],\ 3\leqslant l\leqslant 11\}$（附表6.2第1列）。

当 $l=3$ 时，由第一个递推式得：

$$\begin{aligned}L[P(3,\ 2)]&=\min_{2\leqslant j\leqslant 3}\{D(1,\ j-1)+D(j,\ 3)\}\\&=\min\{D(1,\ 1)+D(2,\ 3),\ D(1,\ 2)+D(3,\ 3)\}\\&=\min\{0+0.005,\ 28.125+0\}\\&=0.005\end{aligned}$$

它表示三个样品分为两类有两种可能分法：$\{1\}$、$\{2,\ 3\}$ 和 $\{1,\ 2\}$、$\{3\}$，两种方法的最小损失函数为0.005，即前一种分法。因为这个最小值在 $j=2$ 时达到，故记为0.005（2）。

当 $l=4$ 时，由第一个递推式得：

$$L[P(4, 2)] = \min_{2 \le j \le 4} \{D(1, j-1) + D(j, 4)\}$$
$$= \min\{D(1, 1) + D(2, 4), D(1, 2) + D(3, 4), D(1, 3) + D(4, 4)\}$$
$$= \min\{0.02, 28.145, 37.007\}$$
$$= 0.02$$

最小值在 $j = 2$ 时达到，记为 $L[P(4, 2)] = 0.02$ （2）。

附表 6.3 中 $k = 2$ 那一列，括号中的数字都是 2，表示对一切形如 $\{X_{(1)},$ $X_{(2)}, \cdots, X_{(l)}\}$ （$3 \le l \le 11$）的类，如欲分成两类都以 $G_1 = \{X_{(1)}\}$，$G_2 = \{X_{(2)}, \cdots, X_{(l)}\}$ 的分法为最优，它使分类损失函数达到最小。

2）计算 $\{L[P(l, 3)], 4 \le l \le 11\}$。

当 $l = 4$ 时，由第二个递推式得：

$$L[P(4, 3)] = \min\{L[P(2, 2)] + D(3, 4), L[P(3, 2)] + D(4, 4)\}$$
$$= \min\{0 + 0.02, 0.005 + 0\}$$
$$= 0.005(4)$$

附表 6.3

	2	3	4	5	6	7	8	9	10
3	0.005 (2)								
4	0.02 (2)	0.005 (4)							
5	0.088 (2)	0.02 (5)	0.005 (5)						
6	0.232 (2)	0.04 (5)	0.002 (6)	0.05 (6)					
7	0.28 (2)	0.04 (5)	0.025 (5)	0.01 (6)	0.005 (6)				
8	0.417 (2)	0.28 (8)	0.04 (8)	0.025 (8)	0.01 (8)	0.005 (8)			
9	0.469 (2)	0.285 (8)	0.045 (8)	0.03 (8)	0.015 (8)	0.01 (9)	0.005 (9)		
10	0.802 (2)	0.367 (8)	0.127 (8)	0.045 (10)	0.03 (10)	0.015 (10)	0.01 (10)	0.005 (10)	
11	0.909 (2)	0.368 (8)	0.128 (8)	0.065 (10)	0.045 (11)	0.03 (11)	0.015 (11)	0.01 (11)	0.005 (11)

（3）求最优分类。假如希望分成三类，即 $k=3$，则：

由表中最后一行得 $L[P(11,3)]=0.368(8)$，括号中数字是 8，说明最优解的分类的损失函数是 0.368，分类时首先分出第三类：

$$G_3=\{X_{(8)},\cdots,X_{(11)}\}$$

再对其余的 7 个样品考虑分为二类的最优法，查表得 $L[P(7,2)]=0.28(2)$，括号中的数字是 2，故

$$G_2=\{X_{(2)},\cdots,X_{(7)}\}$$

剩下的为 $G_1=\{X_{(1)}\}$

从而求得最优分类：

$$P(11,3):\{X_{(1)}\},\{X_{(2)},\cdots,X_{(7)}\},\{X_{(8)},\cdots,X_{(11)}\}$$

当 k 取其余值时的情形，如附表 6.4 所示。

附表 6.4　k 取其余值时的情形

k	L[P(11, k)]	分类										
		1	2	3	4	5	6	7	8	9	10	11
1	52.182	9.3	1.8	1.9	1.7	1.5	1.3	1.4	2	1.9	2.3	2.1
2	0.909	9.3	1.8	1.9	1.7	1.5	1.3	1.4	2	1.9	2.3	2.1
3	0.368	9.3	1.8	1.9	1.7	1.5	1.3	1.4	2	1.9	2.3	2.1
4	0.128	9.3	1.8	1.9	1.7	1.5	1.3	1.4	2	1.9	2.3	2.1
5	0.065	9.3	1.8	1.9	1.7	1.5	1.3	1.4	2	1.9	2.3	2.1
6	0.045	9.3	1.8	1.9	1.7	1.5	1.3	1.4	2	1.9	2.3	2.1
7	0.03	9.3	1.8	1.9	1.7	1.5	1.3	1.4	2	1.9	2.3	2.1
8	0.015	9.3	1.8	1.9	1.7	1.5	1.3	1.4	2	1.9	2.3	2.1
9	0.01	9.3	1.8	1.9	1.7	1.5	1.3	1.4	2	1.9	2.3	2.1
10	0.005	9.3	1.8	1.9	1.7	1.5	1.3	1.4	2	1.9	2.3	2.1
11	0	9.3	1.8	1.9	1.7	1.5	1.3	1.4	2	1.9	2.3	2.1

（4）决定分类数 k。有时事先不能确定 k，这时可作出 $L[P(n,k)]$ 随 k 变化的趋势图，发现曲线在 $k=3,4$ 处拐弯，以分三或四类为好。

七、有序样品聚类 Python 代码

根据我国历年集体所有制职工人数（单位：万人），请用有序样品聚类法进行聚类分析。

```
import numpy as np
```

```python
x = np. array ( [ 23 , 121 , 554 , 662 , 925 , 1012 , 1136 , 1264 , 1334 , 1424 , 1524 , 1644 ,
1813 , 2048 , 2425 ] )
n = len( x )
D = np. zeros( ( n , n ) )
for i in range( n ) :
  for j in range( n ) :
      if i < j :
          XGmean = ( 1 / ( j - i + 1 ) ) * sum( x [ i : j + 1 ] )
          y = np. zeros( j - i + 1 )
          for s in range( i , j + 1 ) :
              y [ s - i ] = np. dot( ( x [ s ] - XGmean ) . T , ( x [ s ] - XGmean ) )
          D [ i , j ] = sum( y )
      else :
          D [ i , j ] = 0
print( D. T )
np. savetxt( ' F : \\D. csv ' , D. T , delimiter = ' , ' )
'''
y [ s - i ] = np. dot( ( x [ s ] - XGmean ) . T , ( x [ s ] - XGmean ) )
y [ s - i ] = np. square( x [ s ] - XGmean )
'''
L = np. zeros( ( n , n ) )
alp = np. zeros( ( n , n ) )
for m in range( 2 , n + 1 ) :
  s = np. zeros( m - 1 )
  for j in range( 1 , m ) :
      s [ j - 1 ] = D [ 0 , j - 1 ] + D [ j , m - 1 ]
  L [ m - 1 , 1 ] = min( s )
  for j in range( 1 , m ) :
      if L [ m - 1 , 1 ] = = s [ j - 1 ] :
          alp [ m - 1 , 1 ] = j + 1
print( L )
print( alp )
for k in range( 3 , n + 1 ) :
```

```
for m in range( k , n + 1 ) :
    s = np. zeros( m - k  + 1 )
    for j in range( k , m  + 1 ) :
        s[ j - k ] = L[ j - 2 , k - 2 ] + D[ j - 1 , m - 1 ]
    L[ m - 1 , k - 1 ] = min( s )
    for j in range( 1 , m - k  + 2 ) :
        if L[ m - 1 , k - 1 ] = = s[ j - 1 ] :
            alp[ m - 1 , k - 1 ] = j  + k - 1
print( L )
print( alp )
np. savetxt( ' F : \\L. csv ' , L , delimiter = ' , ' )
np. savetxt( ' F : \\_alp. csv ' , alp , delimiter = ' , ' )
```

八、有序样品聚类 Matlab 程序代码一

```
clc ; close ; clear ;
X = [ 23 121 554 662 925 1012 1136 1264 1334 1424 1524 1644 1813 2048 2425 ;
      1580 1881 2423 4532 5044 3303 3465 3939 4170 4792 5610 6007 6860 7451
      8019 ] ' ;
[ n , p ] = size( X ) ;

for i = 1 : n ;
    for j = i : n ;
        X_mean = [ sum( X( i : j , : ) )/( j - i + 1 ) ] ;
        D( i , j ) = sum( diag( ( X( i : j , : ) - repmat( X_mean , j - i + 1 , 1 ) ) * ( X( i : j , : )
        - repmat( X_mean , j - i + 1 , 1 ) ) ' ) ) ;
    end
end

for k = 2 : n - 1 ;
    for l = k + 1 : n ;
        if k = = 2 ;
            for j = k : l ;
                L_temp( j - 1 ) = D( 1 , j - 1 ) + D( j , l ) ;
```

```
            end
        [L_min,j] = min(L_temp);
        L(1,k) = L_min;
        L(k,1) = max(find(L_temp = = L_min)) + 1;
    else
        for j = k:1;
            if j = = k;
                L_temp(j - k + 1) = D(j,1);
            else
                L_temp(j - k + 1) = L(j - 1,k - 1) + D(j,1);
            end
        end
        [L_min,j] = min(L_temp);%
        L(1,k) = L_min;
        L(k,1) = max(find(L_temp = = L_min)) + k - 1;
    end
  end
end


p = zeros((n - 1) * (n - 2)/2,n);
for k = 2:n - 1;
  if k = = 2;
    for m = 3:n;
    p(m - 2,1) = L(k,m);
    end
  else
    for m = k + 1:n;
        if L(k,m) = = k;
            p((k - 2) * (2 * n - k - 1)/2 + m - k,:) = [L(k,m),[2:k - 1],ze-
            ros(1,n - k + 1)];
        else
            p((k - 2) * (2 * n - k - 1)/2 + m - k,:) = [L(k,m),p((k - 3) *
            (2 * n - k)/2 + L(k,m) - k,1:k - 2),zeros(1,n - k + 1)];
```

```
            end
        end
    end

end

for k = 2:n-1,
    k,L(n,k),L_point = p((k-2)*(2*n-k-1)/2+m-k,:),
end

plot([2:n-1]',L(n,2:n-1)');
title('scree_plot');
xlabel('group_k');
ylabel('losing');
```

九、有序样品聚类 Matlab 程序代码二

```
vector = [6.0 6.0 5.3 4.0 5.7 6.3 4.3 5.7 8.3 7.3 4.7 10.7]
function[std] = std1(vector)
max1 = max(vector);
min1 = min(vector);
[a,b] = size(vector);
for j = 1:b
std(j) = (vector(j) - min1)/(max1 - min1);
end
function[D,a,b] = range1(vector)
[a,b] = size(vector);
k = a;
for i = 1:b
for j = i:b
d(i,j) = max(vector(k,i:j)) - min(vector(k,i:j));
end
end
D = d;
```

```
function[S,alp] = divi2(vector,n)
[d,a,b] = range1(vector);
alp = ones(n - 1,b)
S = zeros(b,b)
for m = 2:b
for j = 1:m - 1
s(m,j) = d(1,j) + d(j + 1,m)
end
S_temp(m,1) = min(s(m,1:m - 1))
for j = 1:m - 1
if S_temp(m,1) = = s(m,j);
alp(n - 1,m) = j;
end
end
for t = 1:m
S(t,alp(n - 1,t)) = S_temp(t,1);
end
end
function[S,alp] = divi(vector,n)
[d,a,b] = range1(vector);
alp = zeros(1,b);
for m = n:b
for j = n - 1:m - 1
if n = = 2
s(m,j) = d(1,j) + d(j + 1,m);
else
[S,alp] = divi(vector,n - 1);
s(m,j) = S(j,alp(j)) + d(j + 1,m);
end
end
S = zeros(b,b);
S_temp(m,1) = min(s(m,n - 1:m - 1));
for j = 1:m - 1
```

```
if S_temp(m,1) = = s(m,j);
alp(m) = j;
end
end
for t = 1:m
if alp(t) ~ = 0
S(t,alp(t)) = S_temp(t,1);
end
end
end
function[array] = sect(vector,n)
[a,b] = size(vector);
for num = n: -1:2
[S,alp] = divi(vector,num);
if num = = n
array(num - 1) = alp(1,b);
else
array(num - 1) = alp(array(num));
end
end
end
```

十、特征值的极值

定理 1. 设 A 是 p 阶对称矩阵，λ_1 是 A 最大的特征值，l_1 是相应的特征向量的标准化，λ_p 是 A 最小的特征值，l_p 是相应的特征向量的标准化，x 为任一非零 p 维向量，那么，

$$\lambda_p \leqslant \frac{x'Ax}{x'x} \leqslant \lambda_1$$

式右边等号当 $x = cl_1$ 时成立，左边等号当 $x = cl_p$ 时成立，这里 c 是非零常数。

引理 4. 若 A 为 p 阶对称矩阵，则存在正交矩阵 Γ 及对角矩阵 $\Lambda = \text{Diag}(\lambda_1, \cdots, \lambda_p)$，将 Γ 按列向量分块，并记作 $\Gamma = (l_1, \cdots, l_p)$，矩阵 A 有分解式：

$$A = \sum_{i=1}^{p} \lambda_i l_1 l'_i$$

因为 A 是实对称矩阵，故存在正交矩阵 Γ，使得

$A = \Gamma\Lambda\Gamma'$

两边各乘 Γ，得 $A\Gamma = \Gamma\Lambda$。故

$$A(l_1, \cdots, l_p) = (l_1, \cdots, l_p)\begin{pmatrix} \lambda_1 & & \\ & \ddots & \\ & & \lambda_p \end{pmatrix}$$

也即

$(Al_1, \cdots, Al_p) = (\lambda_1 l_1, \cdots, \lambda_p l_p)$

因此，

$A l_i = \lambda_i l_i (i = 1, \cdots, p)$

上式表明 $\lambda_1, \cdots, \lambda_p$ 是 A 的特征值，$l_1, \cdots, l_p$ 为相应的特征向量。由于 Γ 是正交阵，故相应的特征向量 $l_1, \cdots, l_p$ 是正交单位特征向量，且

$$A = \Gamma\Lambda\Gamma' = (l_1, \cdots, l_p)\begin{pmatrix} \lambda_1 & & \\ & \ddots & \\ & & \lambda_p \end{pmatrix}\begin{pmatrix} l'_1 \\ \vdots \\ l'_p \end{pmatrix} = \sum_{i=1}^{p} \lambda_i l_i l'_i$$

下面证明定理 1。

因为 $A = \sum_{i=1}^{p} \lambda_i l_i l'_i$，故

$$x'Ax = x'(\sum_{i=1}^{p} \lambda_i l_i l'_i)x = \sum_{i=1}^{p} \lambda_i x' l_i l'_i x = \sum_{i=1}^{p} \lambda_i x'x$$

因此，

$$\lambda_p x'x \leqslant x'Ax = \sum_{i=1}^{p} \lambda_i x'x \leqslant \lambda_1 x'x$$

故

$$\lambda_p \leqslant \frac{x'Ax}{x'x} \leqslant \lambda_1$$

当 $x = cl_1$ 时，$\frac{x'Ax}{x'x} = \frac{\lambda_1 c^2}{c^2} = \lambda_1$

当 $x = cl_p$ 时，$\frac{x'Ax}{x'x} = \frac{\lambda_p c^2}{c^2} = \lambda_p$

等价范数。

十一、矩阵的微商

命题 5. 若 $x = (x_1, \cdots, x_p)'$，$a = (a_1, \cdots, a_p)'$，则

$$\frac{\partial(x'a)}{\partial x} = a$$

证明：因为，

$$x'a = \sum_{i=1}^{p} x_i a_i$$

故

$$\frac{\partial(x'a)}{\partial x_1} = a_1, \cdots, \frac{\partial(x'a)}{\partial x_p} = a_p$$

即

$$\frac{\partial(x'a)}{\partial x} = a$$

命题6. 若 $x = (x_1, \cdots, x_p)'$，则

$$\frac{\partial x'x}{\partial x} = 2x$$

证明：因为

$$x'x = \sum_{i=1}^{p} x_i^2$$

故

$$\frac{\partial(x'x)}{\partial x_1} = 2 x_1, \cdots, \frac{\partial(x'x)}{\partial x_p} = 2 x_p$$

得证。

若 $x = (x_1, \cdots, x_p)'$，$B = (b_{ij})_{p \times p}$ 是对称阵，则

命题7. $\dfrac{\partial(x'Bx)}{\partial x} = 2Bx$

证明：因为，

$$x'Bx = \sum_{l=1}^{p} \sum_{k=1}^{p} x_k x_l b_{kl}$$

故含有 x_1 的项为：

$$x_1^2 b_{11} + x_1 \sum_{k=2}^{p} x_k b_{k1} + x_1 \sum_{l=2}^{p} x_l b_{1l}$$

因此，

$$\frac{\partial(x'Bx)}{\partial x_1} = 2 x_1 b_{11} + \sum_{k=2}^{p} x_k b_{k1} + \sum_{l=2}^{p} x_l b_{1l}$$

$$= \sum_{k=1}^{p} x_k b_{k1} + \sum_{l=1}^{p} x_l b_{1l}$$

$$= (b_{11}, \cdots, b_{p1}) \begin{pmatrix} x_1 \\ \cdots \\ x_p \end{pmatrix} + (b_{11}, \cdots, b_{1p}) \begin{pmatrix} x_1 \\ \vdots \\ x_p \end{pmatrix}$$

$$= \left[(b_{11}, \cdots, b_{p1}) + (b_{11}, \cdots, b_{1p}) \right] \begin{pmatrix} x_1 \\ \vdots \\ x_p \end{pmatrix}$$

类似地，

$$\frac{\partial(x'Bx)}{\partial x_2} = \left[(b_{12}, \cdots, b_{p2}) + (b_{21}, \cdots, b_{2p}) \right] \begin{pmatrix} x_1 \\ \vdots \\ x_p \end{pmatrix}, \cdots,$$

$$\frac{\partial(x'Bx)}{\partial x_p} = \left[(b_{1p}, \cdots, b_{pp}) + (b_{p1}, \cdots, b_{pp}) \right] \begin{pmatrix} x_1 \\ \vdots \\ x_p \end{pmatrix}$$

故

$$\frac{\partial(x'Bx)}{\partial x} = \left[B' + B \right] x$$

特别地，若 $B' = B$ 时，命题成立。

若 $y = \mathrm{Tr}(X'AX)$，其中 X 为 $n \times p$ 阶阵，A 为 $n \times n$ 阶阵，则

$$\frac{\partial y}{\partial X} = (A' + A) X$$

特别地，若 $A' = A$，则

$$\frac{\partial y}{\partial X} = 2AX$$

注意到，

$$X'AX = \begin{pmatrix} x_{11} & x_{21} & \cdots & x_{n1} \\ x_{12} & x_{22} & \cdots & x_{n1} \\ \vdots & \vdots & & \vdots \\ x_{1p} & x_{2p} & \cdots & x_{np} \end{pmatrix} \begin{pmatrix} a_{11} & a_{12} & \cdots & a_{1n} \\ a_{21} & a_{22} & \cdots & a_{2n} \\ \vdots & \vdots & & \vdots \\ a_{n1} & a_{n2} & \cdots & a_{nn} \end{pmatrix} \begin{pmatrix} x_{11} & x_{12} & \cdots & x_{1p} \\ x_{21} & x_{22} & \cdots & x_{2p} \\ \vdots & \vdots & & \vdots \\ x_{n1} & x_{n2} & \cdots & x_{np} \end{pmatrix}$$

$$= (x'_1 \quad x'_2 \quad \cdots \quad x'_n) \begin{pmatrix} a_{11} & a_{12} & \cdots & a_{1n} \\ a_{21} & a_{22} & \cdots & a_{2n} \\ \vdots & \vdots & & \vdots \\ a_{n1} & a_{n2} & \cdots & a_{nn} \end{pmatrix} \begin{pmatrix} x_1 \\ x_2 \\ \vdots \\ x_n \end{pmatrix}$$

$$= \sum_{i=1}^{n} x'_i \, a_{i1} \sum_{i=1}^{n} x'_i \, a_{i2} \cdots \sum_{i=1}^{n} x'_i \, a_{in} \begin{pmatrix} x_1 \\ x_2 \\ \vdots \\ x_n \end{pmatrix}$$

$$= \sum_{j=1}^{n} \sum_{i=1}^{n} x'_i \, a_{ij} \, x_j$$

其中,

$$x_i = \begin{pmatrix} x_{i1} & x_{i2} & \cdots & x_{ip} \end{pmatrix}$$

由于 $\mathrm{Tr}(AB) = \mathrm{Tr}(BA)$,且 $\mathrm{Tr}(A+B) = \mathrm{Tr}(A) + \mathrm{Tr}(B)$,故

$$\mathrm{Tr}(X'AX) = \mathrm{Tr}\left(\sum_{j=1}^{n} \sum_{i=1}^{n} x'_i a_{ij} x_j \right) = \sum_{j=1}^{n} \sum_{i=1}^{n} \mathrm{Tr}(x'_i a_{ij} x_j) = \sum_{j=1}^{n} \sum_{i=1}^{n} a_{ij} x_j x'_i$$

$$= \sum_{j=1}^{n} \sum_{i=1}^{n} a_{ij} \left(\sum_{l=1}^{p} x_{jl} x_{il} \right)$$

$$= \sum_{j=1}^{n} \sum_{i=1}^{n} \sum_{l=1}^{p} a_{ij} x_{jl} x_{il}$$

含有 x_{11} 的项为:

$$x_{11} \sum_{i=1}^{n} a_{ij} x_{i1} + x_{11} \sum_{j=1}^{n} a_{ij} x_{j1}$$

所以,

$$\frac{\partial y}{\partial x_{11}} = \sum_{i=1}^{n} a_{i1} x_{i1} + \sum_{j=1}^{n} a_{1j} x_{j1} = \sum_{i=1}^{n} (a_{i1} + a_{1i}) x_{i1}$$

同理,含有 x_{12} 的项为:

$$x_{12} \sum_{i=1}^{n} a_{i1} \, x_{i2} + x_{12} \sum_{j=1}^{n} a_{1j} \, x_{j2}$$

所以,

$$\frac{\partial y}{\partial x_{12}} = \sum_{i=1}^{n} (a_{i1} + a_{1i}) x_{i2}$$

一般地,

$$\frac{\partial y}{\partial x_{1p}} = \sum_{i=1}^{n} (a_{i1} + a_{1i}) x_{ip} \text{ ,所以,}$$

$$\left(\frac{\partial y}{\partial x_{11}}, \frac{\partial y}{\partial x_{12}}, \cdots, \frac{\partial y}{\partial x_{1p}} \right) = (a_{11} + a_{11}, \ a_{21} + a_{12}, \ \cdots, \ a_{n1} + a_{1n}) X$$

类似地,

$$\left(\frac{\partial y}{\partial x_{21}}, \frac{\partial y}{\partial x_{22}}, \cdots, \frac{\partial y}{\partial x_{2p}} \right) = (a_{12} + a_{21}, \ a_{22} + a_{22}, \ \cdots, \ a_{n2} + a_{2n}) X, \ \cdots,$$

$$\left(\frac{\partial y}{\partial x_{n1}}, \ \frac{\partial y}{\partial x_{n2}}, \ \cdots, \ \frac{\partial y}{\partial x_{np}} \right) = \left(a_{1n} + a_{n1}, \ a_{2n} + a_{n2}, \ \cdots, \ a_{nn} + a_{nn} \right) X$$

故

$$\frac{\partial y}{\partial X} = (A' + A) X$$

命题得证。

十二、碎石检验（Scree Test）

Compute the eigenvalues for the correlation matrix and plot the values from largest to smallest. Examine the graph to determine the last substantial drop in the magnitude of eigenvalues. The number of plotted points before the last drop is the number of factors to include in the model.

显示特征值以及主成分或因子的数量。用在主成分分析和因子分析中，以直观地评估哪些主成分或因子占数据中变异性的大部分。

碎石图中的理想模式是一条陡曲线，接着是一段弯曲，然后是一条平坦或水平的线。保留陡曲线中在开始平坦线趋势的第一个点之前的那些主成分或因子。用以了解数据以及根据其他选择主成分的方法得到的结果，以帮助决定重要主成分或因子的数量（见附图 13.1）。

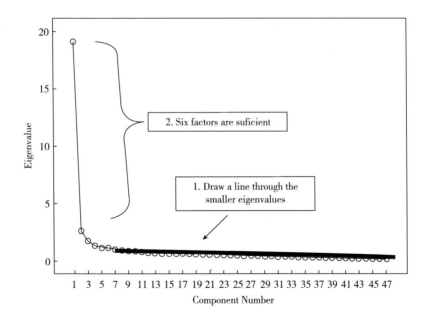

附图 13.1　碎石图

十三、方差膨胀因子（Variance Inflation Factor）

In statistics, the variance inflation factor (VIF) is the ratio of variance in a model with multiple terms, divided by the variance of a model with one term alone. It quantifies the severity of multicollinearity in an ordinary least squares regression analysis. It provides an index that measures how much the variance (the square of the estimate's standard deviation) of an estimated regression coefficient is increased because of collinearity.

方差膨胀因子（Variance Inflation Factor，VIF）是指解释变量之间存在多重共线性时的方差与不存在多重共线性时的方差之比。容忍度的倒数，VIF 越大，显示共线性越严重。经验判断方法表明：当 $0 < \text{VIF} < 10$，不存在多重共线性；当 $10 \leqslant \text{VIF} < 100$，存在较强的多重共线性；当 $\text{VIF} \geqslant 100$，存在严重多重共线性。Consider the following linear model with k independent variables：

$$Y = \beta_0 + \beta_1 X_1 + \beta_2 X_2 + \cdots + \beta_k X_k + \varepsilon$$

The standard error of the estimate of β_j is the square root of the $j + 1$ element of $s^2 (X'X)^{-1}$, where s is the root mean squared error (RMSE) (note that $RMSE^2$ is a consistent estimator of the true variance of the error term, σ^2)；X is the regression design matrix—a matrix such that $X_{i,j+1}$ is the value of the jth independent variable for the ith case or observation, and such that $X_{i,1}$, the predictor vector associated with the intercept term, equals 1 for all i. It turns out that the square of this standard error, the estimated variance of the estimate of β_j, can be equivalently expressed as

$$\widehat{\text{var}}(\hat{\beta_j}) = \frac{s^2}{(n-1)\text{var}(X_j)} \cdot \frac{1}{1 - R_j^2}$$

where R_j^2 is the multiple R^2 for the regression of X_j on the other covariates (a regression that does not involve the response variable Y). This identity separates the influences of several distinct factors on the variance of the coefficient estimate：

• s^2：Greater scatter in the data around the regression surface leads to proportionately more variance in the coefficient estimates

• n：Greater sample size results in proportionately less variance in the coefficient estimates

• $\widehat{\text{var}}(X_j)$：Greater variability in a particular covariate leads to proportionately less variance in the corresponding coefficient estimate

The remaining term. It reflects all other factors that influence the uncertainty in the coefficient estimates. The VIF equals 1 when the vector X_j is orthogonal to each column of the design matrix for the regression of X_j on the other covariates. By contrast, the VIF is greater than 1 when the vector X_j is not orthogonal to all columns of the design matrix for the regression of X_j on the other covariates. Finally, note that the VIF is invariant to the scaling of the variables (that is, we could scale each variable X_j by a constant c_j without changing the VIF)[①] .

十四、复相关系数

复相关系数是反映一个因变量与一组自变量（两个及两个以上）之间相关程度的指标。它不能直接测算，只能采取一定的方法进行间接测算。

1. 计算方法

测定一个变量 y 与其他多个变量 x_1，x_2，$\cdots$，x_k 之间的复相关系数。可以考虑构造一个关于 x_1，x_2，$\cdots$，x_k 的线性组合，通过计算该线性组合与 y 之间的简单相关系数作为变量 y 与 x_1，x_2，$\cdots$，x_k 之间的复相关系数。步骤如下：

（1）用 y 对 x_1，x_2，$\cdots$，x_k 作回归，得：

$$\hat{y} = \hat{\beta}_0 + \hat{\beta}_1 x_1 + \cdots + \hat{\beta}_k x_k \tag{N.1}$$

（2）计算简单 y 与 $\hat{y}$ 简单相关系数，此简单相关系数即为 y 与 x_1，x_2，$\cdots$，x_k 之间的复相关系数。计算公式[②]：

$$R = \frac{\sum (y - \bar{y})(\hat{y} - \bar{y})}{\sqrt{\sum (y - \bar{y})^2 \cdot \sum (\hat{y} - \bar{y})^2}} \tag{N.2}$$

2. 软件实现

（1）复相关系数是度量复相关程度的指标，它可以利用单相关系数和偏相关系数求得。复相关系数越大，表明要素或变量之间的线性相关程度越密切。可以用 SPSS 中的 "Analyze"、"Regression"、"Linear" 来实现，具体可参考本书正文内容。

（2）Matlab 里面的函数 R = corrcoef（X，Y）。

---

① James Gareth, Witten, Daniela, Hastie, Trevor, Tibshirani Robert. An Introduction to Statistical Learning (8th ed.) ［M］. Springer Science + Business Media New York, 2017: 101 – 102.

② 王静龙. 多元统计分析 ［M］. 北京：科学出版社，2008：327 – 332.

十五、消去变换

1. 分块矩阵的行列式

设 $A = (a_{ij})_{p \times p}$，且将 A 剖分为：

$$A = \begin{bmatrix} A_{11} & A_{12} \\ A_{21} & A_{22} \end{bmatrix}$$

这里，A_{11}，A_{22} 是方阵且非奇异阵，则

$$|A| = |A_{11}| |A_{22} - A_{21} A_{11}^{-1} A_{12}|$$
$$= |A_{22}| |A_{11} - A_{12} A_{22}^{-1} A_{21}|$$

2. 消去变换法

设有 $A^{(s)} = (a_{ij}^{(s)})$ 和 $A^{(s+1)} = (a_{ij}^{(s+1)})$ 两个矩阵，它们的元素满足如下关系：

$$a_{ij}^{(s+1)} = \begin{cases} \dfrac{a_{kj}^{(s)}}{a_{kk}^{(s)}}, & i = k, \ j \neq k \\[3mm] a_{ij}^{(s)} - \dfrac{a_{ik}^{(s)} a_{kj}^{(s)}}{a_{kk}^{(s)}}, & i \neq k, \ j \neq k \\[3mm] \dfrac{1}{a_{kk}^{(s)}}, & i = k, \ j = k \\[3mm] \dfrac{-a_{ik}^{(s)}}{a_{kk}^{(s)}}, & i \neq k, \ j = k \end{cases}$$

则称 $A^{(s+1)}$ 为 $A^{(s)}$ 是以 $a_{kk}^{(s)}$ 为枢轴的消去变换，简记为 $A^{(s+1)} = T_k A^{(s)}$ 或 $A^{(s)} \xrightarrow{T_k} A^{(s+1)}$。

3. 消去变换与初等变换

如果 A 是 $n \times m$ 的矩阵除以 a_{ij}，第 (i, j) 位置的元素是 a_{ij}，且 $a_{ij} \neq 0$。

（1）对 A 阵的第 i 行，于是就将 $A_{n \times m} = (a_{ij})$ 变成了 A_1，写出来是：

$$A \rightarrow A_1 = \begin{bmatrix} * & \cdots & \cdots & \cdots & * & \cdots & \cdots & * \\ \dfrac{a_{i1}}{a_{ij}} & \dfrac{a_{i2}}{a_{ij}} & \cdots & \dfrac{a_{ij-1}}{a_{ij}} & 1 & \dfrac{a_{ij+1}}{a_{ij}} & \cdots & \dfrac{a_{im}}{a_{ij}} \\ * & \cdots & \cdots & \cdots & * & \cdots & \cdots & * \end{bmatrix}$$

（2）每次变换时不变的部分用 $*$ 来表示。

（3）对 A_1，将第 1 行减去第 i 行的 a_{1j} 倍，就将

$$A_1 \rightarrow A_2 =$$

$$\begin{bmatrix} a_{11} - \dfrac{a_{i1}a_{1j}}{a_{ij}} & a_{12} - \dfrac{a_{i2}a_{1j}}{a_{ij}} & \cdots & a_{1j-1} - \dfrac{a_{ij-1}a_{1j}}{a_{ij}} & 0 & a_{1j+1} - \dfrac{a_{ij+1}a_{1j}}{a_{ij}} & \cdots & a_{1m} - \dfrac{a_{im}a_{1j}}{a_{ij}} \\ * & * & * & * & * & * & * & * \end{bmatrix}$$

（4）对第 2 行、第 3 行，……，逐行模仿第 1 行的方式进行变换（第 i 行除外，第 i 行一直保留不动），最后把 A 变成了

$$\tilde{A} = \begin{bmatrix} * & \cdots & * & 0 & * & \cdots & * \\ \vdots & & \vdots & \vdots & \vdots & & \vdots \\ * & \cdots & * & 0 & * & \cdots & * \\ \dfrac{a_{i1}}{a_{ij}} & \cdots & \dfrac{a_{ij-1}}{a_{ij}} & 1 & \dfrac{a_{ij+1}}{a_{ij}} & \cdots & \dfrac{a_{im}}{a_{ij}} \\ * & \cdots & * & 0 & * & \cdots & * \\ \vdots & & \vdots & \vdots & \vdots & & \vdots \\ * & \cdots & * & 0 & * & \cdots & * \end{bmatrix}$$

其中 $*$ 部分第 (α, β) 位置元素是 $a_{\alpha\beta} - a_{i\beta}a_{\alpha j}/a_{ij}$。

在整个变换过程中，对矩阵 A 只是进行了如下的两种行的初等变换：

1）第 i 行除以 a_{ij}；

2）对 $\alpha \neq i$，$\alpha = 1$，…，n，从第 α 行中减去经（1）变换过的第 i 行的 $a_{\alpha j}$ 倍。

从最后的矩阵 $\tilde{A}$ 来看，它的第 j 列一定是向量 $e_i = (0, \cdots, 0, 1, 0, \cdots, 0)'$，如果把 $\tilde{A}$ 中的第 j 列的

$$\overset{e_i \rightarrow}{\underset{\text{换成}}{}}\begin{bmatrix} -\dfrac{a_{1j}}{a_{ij}} \\ -\dfrac{a_{2j}}{a_{ij}} \\ \vdots \\ \dfrac{1}{a_{ij}} \\ -\dfrac{a_{i+1j}}{a_{ij}} \\ \vdots \\ -\dfrac{a_{nj}}{a_{ij}} \end{bmatrix}$$

则记录了整个的运算过程所涉及的一些数值，并且放在相应的位置上。

例 15.1.

$$\begin{bmatrix} 8 & 6 & 4 \\ 6 & 10 & 2 \\ 4 & 2 & 3 \end{bmatrix} \xrightarrow{T_2} \begin{bmatrix} 4.4 & -0.6 & 2.8 \\ 0.6 & 0.1 & 0.2 \\ 2.8 & -0.2 & 2.6 \end{bmatrix}$$

定理 2. 假设 A 是 p 阶正定矩阵，依次作如下 p 次消去变换：

$$A \triangle A^{(0)} \xrightarrow{T_1} A^{(1)} \xrightarrow{T_2} A^{(2)} \cdots \xrightarrow{T_p} A^{(p)}$$

则有

逆矩阵：$A^{-1} = A^{(p)}$

行列式：$|A| = a_{11}^{(0)} a_{22}^{(1)} \cdots a_{pp}^{(p-1)}$

消除变换有如下两个重要结果：

① 反身性：$T_k T_k A = A$

② 交换性：$T_i T_j A = T_j T_i A$

由此有，

$$T_k T_i T_j A = T_i T_k T_j T_k A = T_i T_j T_k T_k A$$
$$= T_i T_j A$$

关键：假设 m 阶子阵为 A_{11}，其对角元素是 A 的对角元素中的一部分，不失一般性，可设 A_{11} 正好位于 A 的左上角（通过调整行列总可以做到），这时有：

$$A \triangle \begin{bmatrix} A_{11} & A_{12} \\ A_{21} & A_{22} \end{bmatrix} \xrightarrow{T_1 T_2 \cdots T_m} \begin{bmatrix} A_{11}^{-1} & A_{11}^{-1} A_{12} \\ -A_{12} A_{11}^{-1} & A_{22} - A_{21} A_{11}^{-1} A_{12} \end{bmatrix}$$

$$|A| = a_{11}^{(0)} a_{22}^{(1)} \cdots a_{mm}^{(m-1)}$$

因此，如果 x_i，x_j，$\cdots$，x_k 是要选入判别函数的重要变量，那么依次对 E 进行消去变换 $T_i T_j \cdots T_k$ 就可以在相应的位置上得到与这些变量相应的逆矩阵与行列式。

十六、因子旋转角度

设因子载荷阵：

$$A = \begin{bmatrix} a_{11} & a_{12} \\ a_{21} & a_{22} \\ \vdots & \vdots \\ a_{p1} & a_{p2} \end{bmatrix}$$

正交阵：

$$T = \begin{bmatrix} \cos\varphi & -\sin\varphi \\ \sin\varphi & \cos\varphi \end{bmatrix}$$

记

$$B = AT = \begin{bmatrix} a_{11}\cos\varphi + a_{12}\sin\varphi & -a_{11}\sin\varphi + a_{12}\cos\varphi \\ \vdots & \vdots \\ a_{p1}\cos\varphi + a_{p2}\sin\varphi & -a_{p1}s\sin\varphi + a_{p2}\cos\varphi \end{bmatrix} \triangleq \begin{bmatrix} b_{11} & b_{12} \\ \vdots & \vdots \\ b_{p1} & b_{p2} \end{bmatrix}$$

令

$$V = V_1 + V_2 = \sum_{j=1}^{2} \left[\frac{1}{p} \sum_{i=1}^{p} \left(\frac{b_{ij}^2}{h_i^2} \right)^2 - \left(\frac{1}{p} \sum_{i=1}^{p} \frac{b_{ij}^2}{h_i^2} \right)^2 \right]$$

其中,$h_i^2 = \sum_{j=1}^{2} a_{ij}^2$, $i = 1$, $\cdots$, p。记

$$\mu_i = \left(\frac{a_{i1}}{h_i} \right)^2 - \left(\frac{a_{i2}}{h_i} \right)^2$$

$$\nu_i = 2 \left(\frac{a_{i1}}{h_i} \right) \left(\frac{a_{i2}}{h_i} \right)$$

使 V 达到最大值的旋转角度 φ 可按以下公式计算:

$$\tan4\varphi = \frac{D - 2AB/P}{C - (A^2 - B^2)/P}$$

其中,

$$A = \sum_{i=1}^{p} \mu_i , B = \sum_{i=1}^{p} \nu_i , C = \sum_{i=1}^{p} (\mu_i^2 - \nu_i^2) , D = 2 \sum_{i=1}^{p} \mu_i \nu_i$$

注意到,

$$V_1 + V_2 = \frac{1}{p^2} \left[p \sum_{i=1}^{p} \left(\frac{b_{i1}^4}{h_i^4} + \frac{b_{i2}^4}{h_i^4} \right) - \left(\sum_{i=1}^{p} \frac{b_{i1}^2}{h_i^2} \right)^2 - \left(\sum_{i=1}^{p} \frac{b_{i2}^2}{h_i^2} \right)^2 \right]$$

记

$$u_i = \frac{b_{i1}}{h_i} , v_i = \frac{b_{i2}}{h_i} , x_i = \frac{a_{i1}}{h_i} , y_i = \frac{a_{i2}}{h_i} , i = 1 , \cdots , p$$

则

$$p^2 (V_1 + V_2) = p \sum_{i=1}^{p} (u_i^4 + v_i^4) - \left[\left(\sum_{i=1}^{p} u_i^2 \right)^2 + \left(\sum_{i=1}^{p} v_i^2 \right)^2 \right] \qquad (\text{附} 16.1)$$

又因为,

$$u_i^4 + v_i^4 = (u_i^2 + v_i^2)^2 - 2(u_i v_i)^2$$

$$= (x_i^2 + y_i^2)^2 - \frac{1}{2} \left[\mu_i^2 \sin^{22}\varphi + \nu_i^2 \cos^{22}\varphi - \mu_i \nu_i \sin4\varphi \right] \qquad (\text{附} 16.2)$$

这是因为，

$$u_i v_i = (x_i \cos\varphi + y_i \sin\varphi)(-x_i \sin\varphi + y_i \cos\varphi)$$

$$= -x_i^2 \sin\varphi\cos\varphi + y_i^2 \sin\varphi\cos\varphi + x_i y_i (\cos^2\varphi - \sin^2\varphi)$$

$$= x_i y_i \cos2\varphi - \frac{1}{2}(x_i^2 - y_i^2)\sin2\varphi$$

$$= \frac{1}{2}(\nu_i \cos2\varphi - \mu_i \sin2\varphi),$$

$$2(u_i v_i)^2 = 2(\nu_i \cos2\varphi - \mu_i \sin2\varphi)^2 \cdot \frac{1}{4}$$

$$= \frac{1}{2}[\mu_i^2 (\sin2\varphi)^2 + \nu_i^2 (\cos2\varphi)^2 - 2\mu_i \nu_i \cos2\varphi\sin2\varphi]$$

还有类似的计算可得：

$$(u_i u_j)^2 + (v_i v_j)^2 = (u_i u_j + v_i v_j)^2 - 2u_i u_j v_i v_j \tag{附 16.3}$$

而，

$$u_i u_j = (x_i \cos\varphi + y_i \sin\varphi)(x_j \cos\varphi + y_j \sin\varphi)$$

$$= x_i x_j \cos^2\varphi + y_i y_j \sin^2\varphi + (x_i x_j + x_j x_i)\frac{1}{2}\sin2\varphi$$

$$v_i v_j = x_i x_j \sin^2\varphi + y_i y_j \cos^2\varphi - (x_i x_j + x_j x_i)\frac{1}{2}\sin2\varphi$$

于是，

$$(u_i u_j + v_i v_j)^2 = (x_i x_j + y_i y_j)^2 \tag{附 16.4}$$

因此将式（附 16.4）代入式（附 16.3），将式（附 16.3）及式（附 16.2）代入式（附 16.1），得：

$$p^2 V = p^2 (V_1 + V_2)$$

$$= p\sum_i (x_i^2 + y_i^2)^2 - \frac{p}{2}\sum_i [\mu_i^2 \sin^{22}\varphi + \nu_i^2 \cos^{22}\varphi - \mu_i \nu_i \sin4\varphi] -$$

$$\sum_i \sum_j (x_i x_j + y_i y_j)^2 +$$

$$\frac{1}{2}\sum_i \sum_j (\mu_i \mu_j \sin^{22}\varphi + \nu_i \nu_j \cos^{22}\varphi - \frac{1}{2}(\mu_i \nu_j + \mu_j \nu_i)\sin4\varphi)$$

$$= p\sum_i (x_i^2 + y_i^2)^2 - \sum_i \sum_j (x_i x_j + y_i y_j)^2 +$$

$$\frac{1}{2}[A^2 - p\sum_i \mu_i^2]\sin^{22}\varphi +$$

$$\frac{1}{2}[B^2 - p\sum_i \nu_i^2]\cos^{22}\varphi +$$

$$\frac{1}{2}\left[\frac{p}{2}D - AB\right]\sin4\varphi \qquad\qquad (\text{附 } 16.5)$$

因此，与 φ 有关的部分只是式（附 16.5）右端的最后三项。于是从

$$\frac{\partial V}{\partial \varphi} = 0$$

就得到：

$$0 = 2\left(A^2 - p\sum_i \mu_i^2\right)(\sin2\varphi)(\cos2\varphi) -$$

$$2\left(B^2 - p\sum_i \nu_i^2\right)(\cos2\varphi)(\sin2\varphi) + 2\left(\frac{p}{2}D - AB\right)\cos4\varphi$$

也即

$$\left(pC - (A^2 - B^2)\right)\sin4\varphi = 2\left(\frac{p}{2}D - AB\right)\cos4\varphi$$

故

$$\tan4\varphi = \frac{D - \dfrac{2AB}{p}}{C - \dfrac{A^2 - B^2}{p}}$$

命题得证。

十七、直方图

1. 问题

某工厂生产一种零件，由于生产过程中各种随机因素的影响，零件长度不尽相同。现测得该厂生产的 100 个零件的长度（单位：毫米）如下：

129	132	136	145	140	145	147	142	138	144	147
142	137	144	144	134	149	142	137	137	155	128
143	144	148	139	143	142	135	142	148	137	142
144	141	149	132	134	145	132	140	142	130	145
148	143	148	135	136	152	141	146	138	131	138
136	144	142	142	137	141	134	142	133	153	143
145	140	137	142	150	141	139	139	150	139	137
139	140	143	149	136	142	134	146	145	130	136
140	134	142	142	135	131	136	139	137	144	141
										136

用随机变量 X 表示零件的长度。

（1）因为它可能取某一区间内的所有值，是连续型随机变量。

（2）再使用刻画离散型随机变量概率分布的方法来刻画连续型随机变量的概率分布就会出现问题，必须寻找另外的方法。

（3）画直方图就是一种近似的方法。

2. 步骤

（1）选区间。这100个数据的最小值是128，最大值是155，取一个区间，以包含所有数据，如可取（127.5，155.5）。

（2）等分区间。将（127.5，155.5）等分为7个小区间：（127.5，131.5）、（131.5，135.5）、（135.5，139.5）、（139.5，143.5）、（143.5，147.5）、（147.5，151.5）、（151.5，155.5），上述这些区间的端点均比数据多取一位小数，使得数据不落在区间的端点上。

（3）数频数。每个小区间称为一个组，数据落入每个组的个数是频数，每个组的频数与数据总个数的比值是频率，这样可得到附表17.1。

附表17.1 数据统计

组	频数	频率
（127.5，131.5）	6	0.06
（131.5，135.5）	12	0.12
（135.5，139.5）	24	0.24
（139.5，143.5）	28	0.28
（143.5，147.5）	18	0.18
（147.5，151.5）	8	0.08
（151.5，155.5）	4	0.04

（4）截区间。在平面直角坐系的横轴上截出各组的区间，每组的区间长度称为组距，此例中组距为4。

（5）定高度。在各组上以组距为底向上作长方形，使该长方形的面积等于该组的频率，即长方形的高＝频率÷组距，此例中为频率/4。

这样的图形称为直方图，如附图17.1所示。

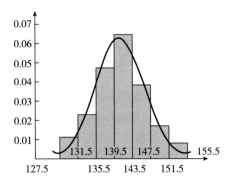

附图 **17.1** 直方图

3. 直方图的意义

（1）由于概率可以由频率近似，因此，这个直方图可以近似地刻画零件长度 X 的概率分布情况。

（2）为更加准确地刻画 X 的概率分布情况，应该增加数据的个数，同时要把组分得更细。

（3）猜想：当数据个数越来越多，组分得越来越细时，直方图的外形轮廓越来越接近某一条曲线。

（4）这条曲线可以准确地刻画 X 的概率分布情况，它就是将要定义的连续型随机变量的概率密度函数的图形。

十八、数据的预处理

1. 一致化处理

一般问题的数据指标可能有极大型、极小型、中间型和区间型指标。其中，极大型：期望取值越大越好；极小型：期望取值越小越好；中间型：期望取值为适当的中间值最好；区间型：期望取值落在某一个确定的区间内为最好。

（1）极小型。为某个极小型数据指标 x，则 $x' = \dfrac{1}{x}$，或 $x' = M - x$。

（2）中间型。为某个中间型数据指标 x，则

$$x' = \begin{cases} \dfrac{2(x-m)}{M-m}, & m \leqslant x \leqslant \dfrac{1}{2}(M+m) \\ \dfrac{2(M-x)}{M-m}, & \dfrac{1}{2}(M+m) \leqslant x \leqslant M \end{cases}$$

（3）区间型。为某个区间型数据指标 x，则

$$x' = \begin{cases} 1 - \dfrac{a-x}{c}, & x < a \\[3mm] 1 - \dfrac{x-b}{c}, & x > b \end{cases}$$

其中，$[a, b]$ 为 x 的最佳稳定区间，$c = \max\{a-m, M-b\}$，M 和 m 分别为 x 可能取值的最大值和最小值。

（4）极大型。因为这种类型的数据是越大越好，不同于上面三种情况，在一般情况下，不需要一致化处理。

2. 无量纲化处理

在实际数据指标之间往往存在着不可公度性，会出现"大数吃小数"的错误，导致结果的不合理。

（1）标准差法：$x'_{ij} = \dfrac{x_{ij} - \overline{x_j}}{S_j}$，其中，$\overline{x_j} = \dfrac{1}{n}\sum\limits_{i=1}^{n} x_{ij}$，$S_j = \Big[\dfrac{1}{n}\sum\limits_{i=1}^{n}(x_{ij} - \overline{x_j})^2\Big]^{1/2}$。

（2）极值差法：$x'_{ij} = \dfrac{x_{ij} - m_j}{M_j - m_j}$，其中，$M_j = \max_{1 \leqslant i \leqslant n} x_{ij}$，$m_j = \min\{x_{ij}\}$。

（3）功效系数法：$x'_{ij} = c + \dfrac{x_{ij} - m_j}{M_j - m_j} \cdot d$。

3. 模糊指标的量化处理

假设有多个人对某项因素评价为 A、B、C、D、E 共 5 个等级，记 v1、v2、v3、v4、v5。例如，评价人对某事件满意度的评价可分为 {很满意、满意、较满意、不太满意、很不满意}，将其 5 个等级依次对应为 5、4、3、2、1。

这里为连续量化，取偏大型柯西分布和对数函数作为隶属函数：

$$f(x) = \begin{cases} [1 + \alpha(x-\beta)^{-2}]^{-1}, & 1 \leqslant x \leqslant 3 \\ a\ln x + b, & 3 \leqslant x \leqslant 5 \end{cases}$$

其中 α、β、a、b 为待定常数。

当"很满意"时，则隶属度为 1，即 $f(5) = 1$。

当"较满意"时，则隶属度为 0.8，即 $f(3) = 0.8$。

当"很不满意"时，则隶属度为 0.01，即 $f(1) = 0.01$。

计算得：

$\alpha = 1.1086$，$\beta = 0.8942$，$a = 0.3915$，$b = 0.3699$

故

$$f\left(x\right)=\begin{cases}\left[1+1.1086\left(x-0.8942\right)^{-2}\right]^{-1}, & 1\leqslant x\leqslant3\\0.3915\ln x+0.3699, & 3\leqslant x\leqslant5\end{cases}$$

根据这个规律，对于任何一个评价值都可给出一个合适的量化值。据实际情况可构造其他的隶属函数，如取偏大型正态分布。

十九、KMO 统计量和 Barltett 球形度检验

进行主成分分析的前提是变量之间存在较高程度的相关性，即信息冗余，因此可以通过降维将问题简化。如果变量之间相关程度很低，就没有必要使用主成分分析。对多变量间相关性的检验，可使用 Kaiser – Meyer – Olkin（KMO）统计量和 Bartlett 球形度检验。

1. KMO 统计量

KMO 统计量基于简单相关系数和偏相关系数计算，公式为：

$$KMO=\frac{\sum_{i\neq j}r_{ij}^2}{\sum_{i\neq j}r_{ij}^2+\sum_{i\neq j}u_{ij}^2}$$

其中，r_{ij}和u_{ij}分别为变量X_i和X_j的简单相关系数和偏相关系数。

显然，KMO 统计量的数值介于 0 ~ 1。如果 KMO 统计量的数值接近 0，则意味着偏相关系数远大于简单相关系数。此时变量间的相关性分布较为均匀，没有出现一部分变量形成局部高度相关的情况，因此不适合进行降维分析。反之，如果 KMO 接近 1，则适合进行降维分析。

Kaiser 给出的一般标准是：

KMO≥0.9：非常适合降维分析。

0.8≤KMO<0.9：比较适合。

0.7≤KMO<0.8：一般。

0.6≤KMO<0.7：不太适合。

KMO<0.5：不适合。

2. Barlett 球形度检验

Bartlett 球形度检验的原假设是原始变量之间彼此无关。检验统计量为：

$$\chi^2=-\left[(n-1)-\frac{2p+5}{6}\right]\ln|R|$$

其中，p 为原始变量个数，R 为相关系数矩阵。

原假设成立时，该检验统计量服从卡方分布，自由度为$\frac{p(p-1)}{2}$。在给定的显著性水平 α 下，如果$\chi^2>\chi_\alpha^2$，则拒绝原假设，认为有必要进行主成分分析。

在 SPSS 因子分析对话框中点击"Factors",在弹出的对话框中点击"Descriptives"打开描述统计对话框,选择"KMO and Bartlett"可输出 KMO 统计量和 Barltett 球形度检验的结果。

二十、多元统计分析其他方法概述

1. 对应分析

对应分析(Correspondence Analysis)也称关联分析或 R – Q 型因子分析,是近年发展起来的一种多元相依变量统计分析技术,通过分析由定性变量构成的交互汇总表来揭示变量间的联系。它可以揭示同一变量的各个类别之间的差异,以及不同变量各个类别之间的对应关系。

对应分析主要应用在市场细分、产品定位、地质研究以及计算机工程等领域。原因在于,它是一种视觉化的数据分析方法,能够将几组表面上看不出任何联系的数据,通过视觉上可以接受的定位图展现出来。对应分析的基本思想是将一个列联表的行和列中各元素的比例结构以点的形式在较低维的空间中表示出来。

它最大的特点是能把众多的样品和众多的变量做到同一张图解上,将样品的大类及其属性在图形上直观而又明了地表示出来,具有直观性。另外,还省去了因子选择和因子轴旋转等复杂的数学运算及中间过程,可以从因子载荷图上对样品进行直观的分类,而且能够指示分类的主要参数(主因子)以及分类的依据,是一种直观、简单、方便的多元统计方法。

对应分析法整个处理过程由两部分组成:表格和关联图。对应分析法中的表格是一个二维的表格,由行和列组成。每一行代表事物的一个属性,依次排开。列则代表不同的事物本身,它由样本集合构成,排列顺序并没有特别的要求。在关联图上,各个样本都浓缩为一个点集合,而样本的属性变量在图上同样也是以点集合的形式显示出来。

2. 相关性分析

相关性分析(Correlation Analysis)是指对两个或多个具备相关性的变量元素进行分析,以衡量两个变量因素的相关密切程度。相关性的元素之间需要存在一定的逻辑关系才可以进行相关性分析。

相关性不等于因果性,也不是简单的个性化,相关性所涵盖的范围和领域几乎覆盖了我们所见到的方方面面,相关性在不同的学科里的定义也有很大的差异。

(1) Pearson(皮尔逊)相关系数。线性相关性(Linear Correlation)简称简

单相关（Simple Correlation），用来度量具有线性关系的两个变量之间相关关系的密切程度及其相关方向，适用于两变量服从正态分布的情况。线性相关系数又称为简单相关系数、Pearson 相关系数或相关系数，有时也称为积差相关系数（Coefficient of Product‐moment Correlation）。适用条件如下：

1）两个变量间的相关是线性相关。

2）两个变量的所属总体都呈正态分布，至少是接近正态的单峰分布。

3）一般要求样本容量大于等于 30，以保证用于计算的数据具有代表性，计算出的相关系数可以有效说明两个变量的线性相关关系。

4）排除共变因素的影响[①]。

5）两个变量都是由测量所得的连续性数据或是等间距测度的变量间的相关分析。

（2）Spearman（斯皮尔曼）等级相关系数。又称秩相关系数，是利用两变量的秩次大小作线性相关分析，对原始变量的分布不做要求，属于非参数统计方法，适用范围相对广泛。Spearman 相关系数相当于 Pearson 相关系数的非参数形式，它是根据数据的秩而不是数据的实际值计算，适用于定序数据和不满足正态分布假设的等间隔数据。Spearman 相关系数的取值范围在（-1，1），绝对值越大，相关性越强，取值符号也表示相关的方向。对于服从 Pearson 相关系数的数据亦可计算 Spearman 相关系数，但统计效能低。Spearman 相关系数的适用条件如下：

1）只有两个变量且都为顺序变量（等级变量），或一列数据是顺序变量数据，另一列数据是连续变量的数据。

2）适用于描述定类数据和定序数据的相关情况。

3）两个连续变量观测的数据至少有一列数据是由非测量方法粗略评估得到的。如使用作品分析法，评价者只能在一定标准基础上，依靠自己的经验进行粗略评估。

4）从 Spearman 等级相关的使用条件可以看出，不受样本大小、变量分布形态、数据是否具有连续性的条件限制，所以当数据不满足 Pearson 积差相关的使用条件时，可以考虑使用 Spearman 等级相关系数。但 Spearman 等级相关需将连续性数据转换为顺序数据，会遗漏数据的原有信息，没有积差相关的准确度高。所以，当数据符合积差相关的使用条件时，不要使用等级相关进行计算。

（3）Kendall's Tau‐b（肯德尔）等级相关系数。Kendall 等级相关系数是对

---

① 如小孩鞋子的尺码数据与阅读能力变量是共变的。

两个有序变量或两个秩变量之间相关程度的度量统计量，属于非参数统计范畴。与 Spearman 等级相关系数的区别在于要求某一比较数据需要有序，在有序情况下计算速度比 Spearman 快。Kendall's Tau – b 等级相关系数的适用条件如下：

1）用于反映分类变量相关性的指标，适用于两个分类变量均为有序分类的情况。

2）对相关的有序变量进行非参数相关检验。

3）计算 Kendall 秩相关系数，适合于定序变量或不满足正态分布假设的等间隔数据。

4）若 Kendall 等级相关分析使用不恰当，则可能得出相关系数偏小的结论。

参考文献

［1］ Bartlett M S. A Note on Tests of Significance in Multivariate Analysis ［J］. Mathematical Proceedings of the Cambridge Philosophical Society, 1939, 35 (2).

［2］ Bartlett M S. Further Aspects of the Theory of Multiple Regression ［J］. Mathematical Proceedings of the Cambridge Philosophical Society, 1938, 34 (1).

［3］ Box G E P. A General Distribution Theory for a Class of Likelihood Criteria ［J］. Biometrika, 1949, 36 (3–4).

［4］ Brown J D. Questions and Answers about Language Testing Statistics: Choosing the Right Type of Rotation in PCA and EFA ［J］. Shiken Jalt Testing & Evaluation Sig Newsletter, 2009, 13 (3).

［5］ Cormack R M. A Review of Classification ［J］. Journal of the Royal Statistical Society. Series A (General), 1971.

［6］ Demirmen F. Mathematical Search Procedures in Facies Modeling in Sedimentary Rocks//Mathematical Models of Sedimentary Processes ［M］. Springer, Boston, MA, 1972.

［7］ Fisher R A. The Statistical Utilization of Multiple Measurements ［J］. Annals of Eugenics, 1938, 8 (4).

［8］ Fisher R A. The Use of Multiple Measurements in Taxonomic Problems ［J］. Annals of Eugenics, 1936, 7 (2).

［9］ Fisher W D. On Grouping for Maximum Homogeneity ［J］. Journal of the American Statistical Association, 1958, 53 (284).

［10］ George D, Mallery P. IBM SPSS Statistics 26 step by step: A simple guide and reference ［M］. Routledge, 2019.

［11］ Hardle W, Simar L. Applied Multivariate Statistical Analysis : 2nd. Edition ［M］. Springer Verlag : New York, USA, 2006.

［12］ Harman H H. Modern Factor Analysis ［M］. University of Chicago Press, 1976.

［13］Hotelling, H. Relations between Two Sets of Variates ［J］. Biometrika, 1936, 28 (3-4).

［14］James G, Witten D, Hastie T, Tibshirani R. An Introduction to Statistical Learning (8th ed.) ［M］. Springer Science + Business Media New York, 2017.

［15］Johnson R A, Wichern D W. Applied Multivariate Statistical Analysis ［M］. Upper Saddle River, NJ: Prentice hall, 2002.

［16］Kaiser T. One - Factor - GARCH Models for German Stocks - Estimation and Forecasting ［J］. Ssrn Electronic Journal, 1996 (1).

［17］Lance G N, Williams W T. Computer Programs for Hierarchical Polythetic Classification ("Similarity Analyses") ［J］. The Computer Journal, 1966, 9 (1).

［18］Levesque R. SPSS programming and data management ［J］. A guide for SPSS and SAS Users, 2007.

［19］Macqueen J B. Some Methods for Classification and Analysis of Multivariate Observations ［C］//Proceedings of the Fifth Berkeley Symposium on Mathematical Statistics and Probability. University of California Press, 1967.

［20］Mahalanobis P C. On Tests and Measures of Group Divergence I ［J］. Journal of the Asiatic Society of Bengal, 1930 (26).

［21］Pearson K, Lee A. On the Laws of Inheritance in Man ［J］. Biometrika, 1902 (4).

［22］Raymond B. Cattell. The Scree Test for the Number of Factors ［J］. Multivariate Behav Res, 1966, 1 (2).

［23］Richard A. Johnson, Dean W. Wichern. Applied Multivariate Statistical Analysis. 4th. Edition ［M］. Englewood Cliffs, N J: Prentice Hill, 1998.

［24］Student. The Probable Error of a Mean ［J］. Biometrika, 1908, 6 (1).

［25］Ward H J. Hierarchical Grouping to Optimize an Objective Function ［J］. Journal of the American Statistical Association, 1963, 58 (301).

［26］Wishart D. Note: An Algorithm for Learning Hierarchical Classifications ［J］. Biometrics, 1969 (1).

［27］M. 肯德尔. 多元分析 ［M］. 北京: 科学出版社, 1983.

［28］奥野忠一等. 多变量解析法 ［M］. (日) 日科技连, 1971.

［29］方开泰. 有序样品的一些聚类方法 ［J］. 应用数学学报, 1982, 5 (1).

［30］陈希孺, 方兆木, 李国英, 陶波. 非参数统计 ［M］. 合肥: 中国科

学技术大学出版社，2012.

［31］高惠璇．应用多元统计分析［M］．北京：北京大学出版社，2016.

［32］何晓群．多元统计分析［M］．北京：中国人民大学出版社，2019.

［33］李静萍．多元统计分析——原理与基于 SPSS 的应用［M］．北京：中国人民大学出版社，2015.

［34］李贤平．《红楼梦》成书新说［J］．复旦学报（社科版），1987（5）.

［35］林海明．因子分析应用中一些常见问题的解析［J］．统计与决策，2012（15）.

［36］刘新华．因子分析中数据正向化处理的必要性及其软件实现［J］．重庆理工大学学报，2009，23（9）.

［37］任雪松，于秀林．多元统计分析［M］．北京：中国统计出版社，2013.

［38］李昕，张明明．SPSS 22.0 统计分析从入门到精通［M］．北京：电子工业出版社，2015.

［39］司守奎，孙玺菁．数学建模算法与应用［M］．北京：国防工业出版社，2013.

［40］王春枝．因子分析中公因子提取方法的比较与选择［J］．内蒙古财经大学学报，2014，12（1）.

［41］王吉利，何书元，吴喜之．统计学教学案例［M］．北京：中国统计出版社，2004.

［42］王学民．应用多元统计分析［M］．上海：上海财经大学出版社，2017.

［43］王静龙．多元统计分析［M］．北京：科学出版社，2008.

［44］吴艳文．聚类分析和判别分析在房地产类股票评判的应用［J］．统计与决策，2014（17）.

［45］杨自强．多元统计分析（VII）［J］．数理统计与管理，1987（1）.

［46］张立军，任英华．多元统计分析实验［M］．北京：中国统计出版社，2009.

［47］张润楚．多元统计分析［M］．北京：科学出版社，2006.

［48］张尧庭，方开泰．多元统计分析引论［M］．北京：科学出版社，2016.

［49］张颖，吴建华，王新军．因子模型中正交旋转方法的改进［J］．统计与决策，2016（18）.

后 记

本书是我和关岳老师讲授《多元统计分析》课程的长期经验总结。多年来，通过与学生的交流，解答学生的困惑，不断地修改完善，最终编写此书。非常感谢曾经热爱以及正在热爱这门课程的学生，你们的需要正是写作本书的根源和动力。

由于知识水平有限，书中的错误及安排不当之处在所难免，恳请广大读者不吝指正。本书在编写过程中参考了很多专家、学者的相关教材、专著和论文，收获很多，并引用了其中的部分资料，在此表示衷心的感谢。特别感谢经济管理出版社郭丽娟老师辛苦认真的工作，使本书能够顺利与读者见面。感谢我亲爱的女儿陈蕴颖在我写作期间能够独立完成自己的作业。

本书各章所采用的电子版数据可在 https：//cliometrics. gdufs. edu. cn/gzjb. htm 或者登录广东外语外贸大学主页—学校架构—科研机构—中国计量经济史研究中心—工作简报下载。

徐芳燕

2020 年 11 月